U0307152

网络化
的大变革

REMARKABLE

NETWORKING INNOVATION

毛光烈／著

浙江出版联合集团

浙江人民出版社

图书在版编目(CIP)数据

网络化的大变革/毛光烈著.—杭州:浙江人民出
版社,2015.11
ISBN 978-7-213-06913-0

Ⅰ.①网… Ⅱ.①毛… Ⅲ.①互联网络—影
响—研究 Ⅳ.①TP393.4

中国版本图书馆 CIP 数据核字(2015)第 235722 号

书　　名	**网络化的大变革**	
作　　者	毛光烈　著	
出版发行	浙江人民出版社	
	杭州市体育场路 347 号	
	市场部电话:(0571)85061682　85176516	
集团网址	浙江出版联合集团	
	http://www.zjcb.com	
责任编辑	张炳剑　陈庆初	
责任校对	鞠　朗　姚建国	
封面设计	大漠照排	
电脑制版	杭州大漠照排印刷有限公司	
印　　刷	杭州丰源印刷有限公司	
开　　本	710 毫米×1000 毫米　1/16	
印　　张	20.25	
字　　数	23.6 万	
插　　页	2	
版　　次	2015 年 11 月第 1 版	
印　　次	2015 年 11 月第 1 次印刷	
书　　号	**ISBN 978-7-213-06913-0**	
定　　价	52.00 元	

如发现印装质量问题,影响阅读,请与市场部联系调换。

目录
CONTENTS

第一章　大变革的潮流 / 001

这是一个大变革的时代，是一个由物联网与互联网引发的世界性的大变革时代。这场由不断增添着的大数据支撑着的、由云计算管控与服务的信息网络覆盖人类所有活动的网络化"洪流"，正以奔涌之势席卷、融入各个方面、各个领域。网络化的覆盖、融合、升级，实质是场大变革，机遇与挑战并存。建立正确的网络化思维，有利于正确对待网络带来的变革、机遇、问题与挑战，有利于正确把握并用好网络化的大变革。注意，在网络化大潮席卷的时代，是勇立潮头，还是随波逐流，今天的选择，将决定国家、企业和每一个人的明天！

第二章　网络化是如何实现大幅提速的/035

追寻网络化的缘由，我们发现，生产力发生的巨大变化正迎面而来。云、管、端的技术创新，既为网络化扫除了技术障碍，又为网络的大面积应用推广降低成本提供了可能。数字化、网络化普及应用需求的巨大牵引作用，使网络化的进程日益提速。云、管、端的技术进步，促进了网络化的大幅提速，进而使互联网、物联网开始走向广泛应用，使信息化开始走向"网络应用带动技术创新"的新阶段，进而引发了大数据利用与管理方式、治理方式的变革。

第三章　大众化创新与创业的源泉/065

经济进入新常态，"大众创业、万众创新"春潮涌动。因为有了网络，有了云计算、大数据、物联网、移动互联网，创新创业的门槛与难度进一步降低，创业投入进一步下降，创新创业的合作更为容易，创新创业的生态不断优化；同时，创新要素在更大范围、更广空间、更长时间内持续自由流动，不断裂变、组合，形成更强大的生产力。大数据、云计算的技术创新方式，使更多的规律被发现、新的技术被发明、新的成果被应用，产生了加快人类社会发展节奏的巨大效能。新的技术创新的方式与依托云平台的协同创新，使技术创新走向了社会化与大众化。大众化创新创业的新时代已经来临。对此，你感觉到了吗？

第四章　**云:为创业构建的全程服务体系**/093

如果站在创业者的角度,我们就能体会到缺乏有效、精准的创业服务,是实现成功创业的最大障碍。"云上"创业服务的生态体系,是一个以大数据、云计算平台为基础,以网上全程与全面创业服务为内涵的生态体系,包括创业的网络知识服务、云基础服务平台、个体就业与创业的网络服务、企业型的网络创业专业服务、继续(合作)发展型的网络服务五大部分。构筑云上为创业全程与全面服务的生态体系,打造"大众创业、万众创新"的天堂,这不是梦想,而是现实。阿里云计算与杭州西湖区合作,着力打造的云栖小镇就生动地提供了这样的典型案例。

第五章　**大数据的制造强国与绿色发展之路**/115

从IT时代进入DT时代,大数据的利用,开辟了把数据与信息作为真正要素来广泛使用的新纪元,同时又为云、管、端三者为一体的网络开发利用注入了新的正能量。网络化的大变革,实际上也可以说是网络采集、存储、分析、利用大数据的大变革。我们必须牢记一条定理:对待大数据,最重要的是开发利用!大数据的价值,在于促进农业、工业和传统服务业的升级发展,在于推动物联网生产或制造企业的管理创新,在于实现国家治理体系与治理能力的现代化。解决资源和能源与做强工业矛盾的出路,要靠大数据;确保健康与绿色发展,加快美丽乡村、美丽中国的建设进程,同样要靠大数据!

第六章　**谋取互联网与物联网的双重红利**/141

　　正确区别对待并利用好互联网与物联网,是一个关系到能否用好网络化大变革机遇的大问题。要把物联网与互联网的开发区别开来,从我国生产力发展差别大的实际出发,谋取互联网与物联网应用的双重的、最大的红利。互联网与物联网的价值在于利用,要准确把握互联网与物联网开发利用的新趋势、新特点,在加快开发消费型客户的同时,也要加快开发生产型客户,把力气用在注重实效的开发利用上。最后请记住,一定要把新的商务模式创新摆在突出位置上!

第七章　**网络时代的新型商业链与数据流**/167

　　网络时代,传统商业链正在发生巨大的变革,互联网与物联网正是传统商业链的终结者和新型商业链的重构者。一种历史上不曾有过的、由网络在线全流程实时管控的、以消费或客户为中心的新型商业链诞生了!新型商业链的实质是以预算式消费为中心的在线订购、产品设计、在线支付、生产加工、物流配送等流程的再造;它以在线商务为龙头,对社会化的大生产与服务模式进行了全面的调整与重建。那么,问题来了:网络化的新型商业链将由谁来主导运作呢?对网络新型商业链的监管又如何实现呢?

第八章　**从物联网到机器人革命**/195

　　所谓第二次机器革命,其实主要是一场机器人革命。在制造大国开始涌现的快速成长的"机器换人"，最主要的是因为"机器人换人"。这场由网络应用支持着的机器人革命，其产生具有技术进步的客观性、广泛的适应性、社会时代变化的必然性。从物联网到机器人革命，云平台与机器人之间的集成使用，已经全面打开了机器人广泛应用的时代大门。我们当前的紧迫任务是结合中国经济社会发展的实际和要求，主动、积极地适应并应对新机器革命，以"智能制造"为主线，统筹兼顾、突出重点、应用引领、务实有序地推动机器人产业与市场的健康发展。

第九章　主攻"智能制造"/217

制造业是立国之本、兴国之器、强国之基。网络化的发展为我们开辟了做强制造业、建设制造强国的路径。网络化的变革促成了"智能生产方式"包括"智能制造及服务模式"的产生。"智能制造"将由主导阶段向主宰阶段跨越，这是一个不可逆转的大趋势，这就是新的工业革命内在的必然要求。可以预见，今后的"智能制造"创新将有三大热点，即智能装备的技术创新、个性化的智能制造及服务模式的创新和产学研用技术攻关的组织方式创新。

第十章　网络化需要规划/239

今后五年是网络化大变革的五年，"十三五"规划的编制，必须切实做好依靠网络化促发展这篇大文章。当前，我国网络化出现了历史上少有的好态势，如建设网络强国、"中国制造2025""互联网+"，等等。但也要防范网络泡沫风险,最佳对策是抓融合,坚持网络化与传统农业、制造业以及服务业的深度融合。我们已经进入了经济发展新常态。跟随网络化,才能适应新常态;加快网络化,才能引领新常态。我们要着力编制好互联网与物联网推广应用的"十三五"规划,谋划好"行动路线图",致力于抓好网络的应用推广,把盆景发展成风景!要尽最大努力使市场在资源配置中起决定性作用并发挥更好的政府作用,共同来推动网络技术新产业的发展。

第十一章　补上网络化推广的"短板"/277

网络不是自然而然会"化"的。因此,网络化要通过网络应用的推广工作来实现。俗语说,"诗的创作,功夫在诗外"。这个道理,对于网络化应用推广工作也同样适用。现在,互联网与物联网的应用已经进入跨界融合应用的新阶段,"绿色、智能、超常、融合、服务"孕育了"两化"深度融合、产品换代、机器换人的新趋势。网络化不能只做网络的文章。做好网络应用的推广工作,要审时度势、顺势而为,认真抓好创新设计工作,开发足够使用的网络终端产品,用好"机器换人"的突破口,抓好高技术服务业的发展,推进科技型创业。这是最好的时代,也是最坏的时代;是"最好"还是"最坏",取决于我们的工作!

　　以信息技术与工业技术融合为基础,信息网络成为当今社会最重要的
基础设施之一,它与信息资源、材料和能源一起成为经济社会发展的基础
性战略性资源。人类社会发展的历史性变革正在全球范围内波澜壮阔地
发生和发展。新概念、新模式、新业态层出不穷,理论和实践面临着一系列
新情况、新课题、新问题、新挑战,当然也带来了新机遇。

　　毛光烈先生以敏锐的目光关注着这场变革,思考着如何将这些新的技
术、资源、模式、业态转化为经济发展的新动力,更好把握住解决经济发展
面临的实际问题的新机遇。他的近作《网络化的大变革》,用其丰富的经济
管理经验和对新事物本质和规律不倦追求的精神,诠释了这一时代前沿的
重大变革。

　　本书的一个特点是目的性和实用性强。毛光烈先生开宗明义地指出
了写这本书的目的,在于回答如下几个问题:一是网络为什么会被广泛、快
速地用起来?二是怎样理解网络的广泛应用的意义,以及如何正确处理广

泛应用与重点应用的关系？三是怎样使网络的应用成为拓市场、调结构、促升级的新生力量，成为引领经济发展新常态的新动力？四是在基层与企业从事实际工作的同志，如何在实践中利用好网络应用的机遇，加快创新发展？全书就是围绕这样的目标，以浙江的实践为底本，融汇全国乃至世界的经验和理论探索，用一线的企业家、政府工作人员所熟悉的语言和思考模式，娓娓道来。

许多精辟的语言、论断、典型、方法，将全书串成一部令人爱不释手的精品。

毛光烈先生对网络在历史发展中起到的作用做了深刻的总结：网络化，"化"的不只是技术。网络"化"进了经济，实质是转变了经济的发展方式；网络"化"进了政治，实质是转变了政治的运作方式；网络"化"进了文化，实质是转变了文化的生产与供应方式；网络"化"进了社会，实质是转变了改善民生的服务方式，转变了教育、卫生、就业、交通、养老等公共服务方式；网络"化"进了生态，实质是转变了生态的建设方式与保障方式。（见第一章）

基于网络的创新模式，毛光烈先生如此理解：基于网络，创新要素在更大的范围、更广阔的空间、更长的时间持续自由流动，不断分裂、组合，形成更强大的生产力。（见第三章）

基于网络的商业模式创新，毛光烈先生同样有独到的认识：网络是传统商业链的终结者和新型商业链的重构者，将带给消费者、流通者、制造者、设计者、研发者全新的体验，推动着一场生产、消费、服务流程的管理体制的改革，形成产业链的新生态。（见第七章）

面对智能制造、机器人革命，毛光烈先生指出：走中国特色的新机器革命道路，可以明确的一点是，新机器革命的根本目的，不应该一味地追求人类对大自然的无节制索取，商业利益至上，而应该以生态环境的永续发展为约束，不把人类的利益无条件地加在生态损害之上。以新机器人革命为特征的智能制造、物联网制造已经为我们实现工业强、生态美开辟了通道，我们要在实施《中国制造 2025》中，使之变成现实。（见第八章）

对网络化的应用，毛光烈先生用生动的语言道出了其真谛：从实际层面看，网络化就是网络应用推广的一场群众性的实践活动，是一场由网络融合、覆盖人类生产、生活、社会活动每个领域每个角落的活动，是一场把网络应用盆景变为网络应用风景的活动。（见第九章）

毛光烈先生的这部著作，既有实践者对规划、应用、案例的精辟总结，又有政治家对历史的远见卓识，更有平民理论家的幽默和睿智。

确实开卷有益。

是以为序。

中华人民共和国工业和信息化部原副部长　杨学山

2015 年 7 月 12 日于北京

2009年3月，我有幸与毛光烈先生在上海浦东干部学院同窗两周。我们经常就共同关心的科技、经济、金融、安全等问题进行交谈，他对工作的敬业、对知识的钻研、对学友的坦诚，以及他的忧国之情、犀利见解和责任担当，都给我留下了极其深刻的印象。特别是他对科学规律的认识、对科研人员的敬重和对中国科技的期盼，令我十分敬仰。无论是厅长之职、市长之身，还是副省长之位，他在任上都十分重视科学技术的发展和对经济的驱动作用，为中科院、浙江省、宁波市三方共建中国科学院宁波材料研究所(暨浙江工业技术研究院)倾注了大量的心血，给予了鼎力支持。他还善于对所思、所想、所做、所成进行总结，编著出版，与人共享。他著的《物联网的机遇与利用》，我曾认真拜读，很受教育和启发。这次他的新作《网络化的大变革》即将出版，约我为之作序，我深知能力有限，难以胜任，但基于对他的敬重，还是应诺尽力，愿借之说几句感言。

"科学技术是第一生产力"是小平同志的真知灼见和对人类进步认知

的一大贡献。简单回顾一下世界近代发展史：18世纪中叶，英国人瓦特改良发明蒸汽机，开创了用机械动力代替人力、畜力的新纪元，促进运输、采矿、纺织等产业的大发展，引领人类进入蒸汽时代，英国也成为世界公认的科技中心和最发达的国家。19世纪前半叶，法拉第发现电磁感应现象，麦克斯韦建立了电磁场理论，随之就诞生了发电机、电动机、电灯、电报、电话等一系列重大发明，引发能源、动力的大变革，催生了照明、通信、电影等一大批新型产业，人类进入了电气时代，德国也成为世界的科技中心和最发达的国家。20世纪40年代，美国贝尔实验室锗晶体放大效应的发现，很快引发了集成电路、微电子技术的持续创新，催生了计算机、网络、通信、信息等新产业的发展，引领人类进入电子信息时代，美国成为当今世界无可非议的科技中心和最发达的国家。直至今天，它的霸主地位依然无法撼动，且仍保持强劲的发展势头。通过简单回顾即可看出，新的科技革命必然引发新的产业革命，不同的科技水平决定不同的经济形式、生活方式和社会形态。谁能抓住科技革命的机遇，谁就能赢得发展主动，权引领世界。

近代中国，由于闭关锁国、盲目自大，不仅付出了沉重的代价，还一次次错失了新科技革命和产业革命所带来的发展机遇。直至新中国成立，我们才匆忙搭上第三次技术革命和产业变革的快车。改革开放30多年的成功实践，使我们积聚了政治、经济、科技、人才等巨大潜能。今天，我们又赶上了网络信息技术蓬勃发展的历史机遇。这次，我们一定要紧紧抓住，决不放过，因为"机不可失，时不再来"。

党的十八大把创新驱动发展确立为国家战略，习总书记对科技创新做出了一系列重要指示，提出了明确要求。特别是就网络信息安全与信息化工作，习总书记做出了"没有网络安全就没有国家安全，没有信息化就没有现代化"的英明论断，寓意深刻。我们一定要深刻领会，认真抓好落实。国务院已出台一系列实施创新驱动发展战略的政策举措,国家重大科技专项正抓紧组织实施,《中国制造 2025》等国家发展规划已陆续向社会发布,"互联网＋"行动计划已正式启动,国家创新示范区和科技创新中心建设正加快推进。"大众创新、万众创业"的号召必将极大地调动大学生、研究生及各类人员,特别是 80 后、90 后青年一代的创新创业热情。国家、各部门、各地都在研究制订"十三五"发展规划,呈现出社会稳定、国力雄厚、风清气正、政通人和、士气高涨、干劲十足的大好局面。我们完全有信心、有理由相信,中国这次一定能紧紧抓住新科技革命带来的发展机遇,一定会在不远的将来走在世界前列,中华民族伟大复兴的中国梦一定能早日实现。

我们要有理想自信,但更要有清醒的认识和冷静的思考。正如毛泽东所说,"战略上要藐视、战术上要重视"。只有这样,才能制订出更加科学、合理、可行的规划。扎扎实实、稳扎稳打,蹚急更需步稳、步稳才能蹚急。

实事求是地讲,由于我国现代科技发展时间较短,科技积累还远远不够。信息技术起步也较晚,与美国等发达国家相比还有较大差距,突出表现在核心电子元器件、高端通用芯片、基础软件等核心技术还主要依赖进口,网络技术受制于人。在一定程度上说,我国的信息化是主动的,也是被动的。同时,我国还处于工业化、信息化、城镇化、农业现代化"四化"叠加发展期,这既是机遇也是挑战。随着互联网、物联网、云计算、大数据、机器人、智能制造等新技术的快速发展,人类已进入信息化、网络化、智能化发展的新时代。各国都在谋篇,都在布局,都在抢抓机遇,都在抢占制高点,都想赢得主动。我国当然不能再错失这一良好的发展机遇,现在正可谓"天时、地利、人和",我们一定要迎头赶上、主动作为,一定要通过自主创新努力实现弯道超车,一定要有创新的意识、敢为天下先的勇气和勇于担当的精神。

但目前社会各级各界对网络化的内涵、"化"的实质、存在的问题、攻关的重点、工作的抓手、采取的举措还有不同的认识和理解。有的人认为网络化近在咫尺、唾手可得,有的人认为网络化高不可攀、为时过早。毛光烈先生敏锐地看到了新技术将要带来的新变革,对"网"是什么、"化"什么、如何"化"等基础问题都有独到的见解,对网络信息技术与各行、各业、各地的融合有深刻的思考,并结合自己长期在我国创新活力最活跃的浙江省分管工业和科技工作的实践,通过大量真实生动的案例,向大家展示了一幅幅网络信息技术调结构、转方式、促增长、助发展、惠民生的亮丽图景,有力地诠释了创新驱动发展、科技引领未来的真谛。

毛光烈先生的著作文风纯朴、语言精美、内涵丰富、特色鲜明,全书既有对网络信息技术诸多基本概念通俗的解读和对创新发展逻辑清晰的表达,又有对创新实践真实的描述和对创业成效客观的反映。他注重从大背景下看网络化的演进,注重用系统论的方法分析问题,注重理论与实际应用的结合,强调地区、行业的差异化发展,强调企业的特色、产品的质量和品牌效应,重视当前与长远、科技与经济、资源与生态。他特别强调要很好地把握政府和市场"两只手"的精准发力和协同收效。

本书读起来上口,想起来上心,用起来上路,干起来上劲。无论对科技人员、创业人员,还是对创新企业,本书都有很高的参考价值。特别是对各级管理人员,本书更有很强的指导性、针对性和实用性。我一气读完,十分受益。

愿以此为序。

中国科学院副院长　阴和俊

2015 年 8 月 8 日

这是毛光烈先生的新作，我谙知这本书的缘起和写作的过程。他从互联网挟势而来的历史性变革出发，开篇宏大，接下来披沙拣金，历数了信息技术前沿领域的重大话题。难能可贵的是，所有问题的讨论、案例的枚举，都紧紧围绕了对于中国经济社会的现实意义这个主题。本书既可以作为案头的知识读本，也是公共政策制定者、互联网一线从业者的"锦囊"，能激活思路、引发讨论，指导实践。

《大数据》《数据之巅》作者　涂子沛

以移动互联网、物联网、云计算、大数据等为代表的新一代信息技术，正以排山倒海的姿态改变着我们社会生活的方方面面。在这浩浩荡荡的时代潮流面前，我们该如何应对、如何前行、如何跨越发展，相信是我们每一个人都需要思考的问题。

毛光烈先生的新作《网络化的大变革》，很好地解析了新一代信息技术的内涵，深入分析了由此产生的网络化所带来的巨大影响和变革，详细阐述了在网络化时代产业经济发展的方法和策略。学术界和产业界已有众多书籍论述新一代信息技术的发展及对策，然而拜读毛光烈先生大作，给人以耳目一新之感。

作者基于多年宏观经济管理和产业发展经验，立意高远、开篇宏大，从时代大变革角度，阐述了互联网、物联网、云计算、大数据、机器人、电子商务等技术和产业发展趋势，充分把握技术、产业、经济和社会发展的最新动态。

信息技术发展日新月异，作者在文中多次强调要大家主动投身到网络化大变革的浪潮中，要有网络化思维，不要成为"网络难民"，这样的呼吁堪称网络时代的"呐喊"，充分体现了作者与时俱进的思想和忧国忧民的意识，在当下值得大力推崇。

书中讲述了大量浙江省发展信息经济的实际案例，生动鲜活。全书又有很多关于产业发展和经济规划的具体方法和对策，是作者多年工作经验的精髓，具有很强的实务参考价值，其中对"十三五"规划编制的思考，眼下具有很好的现实指导意义。

相信读者在阅读本书后，对网络化技术发展和变革趋势会有一个新的理解和认识，党政机关干部、产业界人士更会从中发现其巨大的价值。

浙江大学软件学院常务副院长　杨小虎

谋大势者赢天下。《网络化的大变革》一书告诉我们从互联网到物联网到网络化迅速发展变革的大势汹涌澎湃，滚滚而来，渗透到社会的每个角落,蕴含无限的"赢"机。

　　我和作者毛光烈先生认识多年,他是一位地方官员,但更像是一位孜孜以求、追寻前沿的科学家,观察问题、把握大势的思想家。全书视角独到,理实交融,值得细嚼慢咽。

中国科学院宁波材料技术与工程研究所所长
崔　平
浙江工业技术研究院院长

　　本书所讲的网络,包括互联网与物联网。从本义来讲,把各种不同的相互孤立的信息网络互通互联在一起并协同运营服务的网络体系叫互联网;把各种不同的且原来互不相关的物体、产品、机器、装备互相联在一起并统一作业运作的网络体系叫物联网。利用大数据、云计算统一管控运作的互联网业务与物联网业务的蓬勃兴起,开创了网络经济发展的新时代。

　　《网络化的大变革》当然是一本讲变革的书籍。本书试图以网络引发的技术创新方式的变革作为发轫端,进而说明网络带来的农业作业方式的变革、工业制造方式的变革、服务业服务方式的变革,以至于文化服务方式、社会公共服务方式等多方面的变革,乃至城市与国家治理方式的变化等一系列的大变革,让更多的人明了这种大变革的内涵、意义与价值。

　　这本书是为谋划"十三五"(2016—2020 年)、打造经济升级版而写的。2014 年以来,乃至整个"十三五"及以后的相当一个时期,我国的经济将进入新常态,新一轮科技革命与产业变革方兴未艾,以互联网和物联网为核心的新经济将掀起新的浪潮并迎来新的发展局面,移动互联网、物联网、大数据、云计算等将与传统农业、工业、服务业广泛融合,并成为创新创业的主流,成为推动经济社会发展的主引擎。当前正值各级各部门谋划"十三五"经济社会发展思路的关键时期,如何准确把握网络融合应用发展的新趋势,顺势而为、乘势而上,是我们所面临的一个重要课题,关系到"十三五"的成功。本书就网络化大变革具体的形成原因、演变轨迹、未来走向等内在逻辑进行理性演绎,旨在为"十三五"及以后谋划发展提供一种新的思路、新的视角、新的方法,以利于规划的编制者与执行者。

《网络化的大变革》也是一本通俗解读互联网与物联网实际应用的书籍。传统农业、工业、服务业与网络在应用中融合,农业作业方式、工业制造方式、商务服务方式等在网络化中变革。因此,互联网、物联网的应用发展就是在网络化大变革中的发展,我们要敏锐地把握这个变化、变革的新旋律。这本书的主题词和落脚点是"网络应用促发展",主要内容是:

1. 网络为什么会被广泛、快速地用起来?

2. 怎样理解网络的广泛应用的意义? 如何正确处理广泛应用与重点应用的关系?

3. 怎样使网络的应用成为拓市场、调结构、促升级的新生力量,成为引领经济新常态发展的新动力?

4. 在基层与企业从事实际工作的同志,如何在实践中利用好网络应用的机遇,加快创新发展?

这本书是为浙江的实践与探索而写的。自浙江省被批准建设信息化和工业化深度融合国家示范区以来,各级政府及部门和广大企业进行了积极的探索和实践,"机器换人""制造换法""商务换型""管理换脑""智慧物流""智慧健康""智慧安居""智慧环保""智慧政务"等智慧城市业务、互联网金融、云工程与服务、大数据利用等已逐步渗透到经济社会发展的各个领域，融合、覆盖、升级，加上有阿里巴巴、海康威视、大华科技等一批迈出国门、走向世界的网络信息技术服务知名企业，有浙江中控这样知名的工业自动化软件企业，现在又有了医惠科技、哲达科技、安存科技等一批活力四射、生机蓬勃的科技型小微企业，还有云栖小镇、梦想小镇等一批基于云平台的众创空间，世界互联网大会落户在浙江桐乡的乌镇……所有这些都构建了浙江独特的网络创新创业生态体系。本书对这些根据不同地区、行业及企业的科技基础与素养，分阶段、分步骤地推进网络化的探索与实践路径进行了初步的总结和介绍，为未来的发展提供点有益的启迪。

这本书是为党政机关特别是基层政府、部门的管理干部写的。2015年5月，国务院印发了《中国制造2025》，7月又印发了实施"互联网＋"的指导意见。贯彻好这两个文件是今后5年至10年乃至更长时间的重要任务。对互联网与物联网认识的深度与理解的宽度，决定了推动经济提质增效升级的高度与广度。缺少掌握网络知识的能力，就难以领导、推动知识（信息）经济的发展。正如埃里克·布莱恩约弗森和安德鲁·麦卡菲在《第二次机器革命》的扉页上所写的，"这是一个万物复苏、万物迸发、万物生长的时代。一年是一年，那是200年前；一月是一年，那是20年前；一天是一年，那就是现在……"时代需要快速跟进的学习能力，掌握新知识，提高领导力。本书就是希望写成一本集通俗性、实用性、综合性于一体的读物，尽可能给从事实际工作的同志以帮助；试图针对互联网与物联网理解把握方面存在的问题，互联网与物联网融合应用实践中存在的问题，提供点通俗易懂的参考意见。

从网下到网上，从云下到云上，在网络化的道路上，需要的是坚定、清醒和有作为。只要我们坚定不移地贯彻"全面建成小康社会、全面深化改革、全面推进依法治国、全面从严治党"的重大战略与部署,扎实推进创新驱动发展战略,实施《中国制造 2025》和"互联网＋"指导意见,通过各方面协同、各环节集成、各阶段累积的工作,激活主流、疏浚支流,泛起浪花、涓流成河,积小胜为大胜,积小变为大变,最终一定会实现经济升级版发展的梦想。

作 者

2015 年 7 月

第一章

大变革的潮流

REMARKABLE

NETWORKING INNOVATION

100 多年前，中国革命的先行者孙中山先生认为：世界潮流，浩浩荡荡，顺之则昌，逆之则亡。的确，历史的车轮、时代的潮流滚滚向前，不以人们是否喜欢而驻停，不因人们的悲悯而回返，正像滚滚长江东逝水，奔流到海不复回。

而今，由物联网与互联网引发的世界性的大变革时代已经悄然来临，一场由不断增加的大数据支撑着的、由云计算管控与服务的信息网络覆盖人类所有活动的洪流，正以不可阻挡的力量滚滚向前，并以奔涌之势席卷、融入各个领域。这是一种革命性的力量。人类历史正在以从未有过的方式，书写着崭新的篇章。

第一节　网络与网络化

网络正在覆盖着人类与自然活动的一切领域，世界正进入网络无处不在、无时不在、无物不联的时代。

一、 网络的含义及其演进

什么是网络？维基百科的定义是：网络一词有多种意义，一般用于道路系统、交通系统、通信系统建模。百度的定义是：网络是由节点和连线构成，表示诸多对象及其相互联系。在计算机领域，网络是信息传输、接收、共享的虚拟平台，通过它把各个点、面、体的信息联系到一起，从而实现这些资源的共享。

要正确理解什么是网络，应该从网络的历史演变中去把握。信息化网络（数字化网络）是从电话通信网络与计算机网络发展而来的。

从电话通信网络的发展进程看，最初的电话网络由"电话人工交换台＋铜芯通信电缆＋人工手摇电话机"三部分组成。这三部分缺一不可，组成了第一代电话通信网络。这是由"人工交换平台＋通信线路＋电话机"组成的一个网络体系。抽象的结构图是：人工平台＋通信线路＋电话机终端。

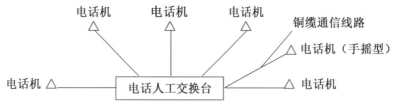

图 1-1 最初电话商业网络模拟图

随着模拟技术向数字技术的演进，电话通信网络变化为如下形态：

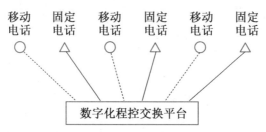

注："△"表示固定电话；"○"表示移动电话；"——"表示有线通信线路；"-----"表示无线通信线路。

图 1-2 无线与有线＋固定电话与移动电话网络示意图

其结构特点是：数字化程控平台＋有线与无线通信线路＋移动与固定电话。其典型结构仍然是由"平台＋线路＋终端"组成。

从计算机网络的发展进程来看，最初的计算机网络是从实验开始的，构图为：

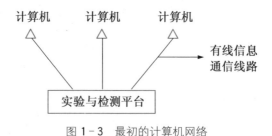

图 1-3 最初的计算机网络

最初的计算机网络由"实验与检测平台＋有线信息通信线路＋计算

机"三部分构成。其典型结构由"平台＋通信线路＋计算机终端"三部分组成。

随着技术的进步，计算机网有了进一步发展，其构图如下：

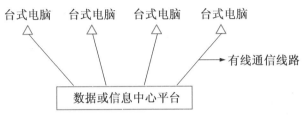

图 1-4　台式计算机网络

现在，通信网与计算机网已成融合发展的态势：

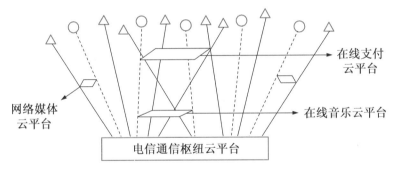

注："△"表示固定终端；"○"表示移动终端；"-----"表示无线宽带线路；"——"表示有线宽带线路；"▱"表示平台。

图 1-5　通信网络与互联网业务架构图

由图 1-5 可以看出，电信通信网络与互联网业务网络是"两同一不同"：客户终端是同一的，包括固定终端与移动终端；使用通信线路是同一的，都是由同一的有线宽带与无线宽带来互联。不相同的是云平台，电信通信枢纽云平台是保障通信畅通与安全的平台，即基础通信平台；互联网业务云平台是建设在通信网络之上的业务平台（如电子商务、在线音乐、在线支付、网络媒体等），目的是利用基础通信网络开展各类业务，且往往设置在电信通信线路发达的节点处。在图 1-5 中还可以看出，无论是电信通信网络，还是互联业务网络，其基本的架构依然是"云＋通信线路管道＋应用终端"三位一体的网络。

从以上论述可以得出如下结论：网络不只是指通信线路部分，而是指由"云平台＋管（通信线路管道，包括有线的、无线的等）＋应用终端"三部分组成的一个整体的体系，缺一不可。

本书所讲的网络，其概念内涵是"云平台＋通信线路管网＋各类应用终端"三者为一体的网络，简称"云＋管＋端"为一体的网络。要建立正确的"网络"概念，以免发生语义理解的错误，或者避免因为不同的语义理解而产生偏差。那种把"纯通信线路部分"视同为"网络"的概念是不正确的；那种把网络服务仅仅局限于电信基础通信运营商的认知也是不全面的。

要牢固树立"云＋管＋端"才是网络的整体概念，并以这样的概念去理解事物。比如说"机器人革命"，是在讲网络革命，只不过重点强调了"器物端"的机器人而已；再比如说"大数据革命"，同样也是讲网络革命，只不过特别强调了网络的"云"这一端的大数据而已，因为无论是"机器人"，还是"大数据"，离开了网络都是不可能发挥其作用的。

二、网络"化"的对象与内容

什么是网络化？百度提供的解释是：网络化是指利用通信技术和计算机技术，把分布在不同地点的计算机及各类电子终端设备互联起来，按照一定的网络协议互相通信，达到所有用户都可以共享软件、硬件和数据资源的目的。

显然，百度提供的是对互联网的狭义的解释。

理解网络化的关键，在于理解"化"字。何为"化"? 毛泽东的解释是："'化'者，彻头彻尾、彻里彻外之谓也。"把毛泽东的"化"引申到网络化，那就是网络与传统农业、工业、服务业等"彻头彻尾、彻里彻外相融合之谓也"。

至此，如果我们将网络化的理解做一梳理，可以得出以下四点判断：

1. 网络化的主体是个人、企业、社会组织，甚至是政府。网络不会主动地"化"，而应该由各个主体来主持进行。根据中国互联网信息中心发布的《第35次中国互联网络发展状况统计报告》显示，截至2014年12月，我国网民总量已达到6.49亿人，约占人口总量的47.45%，仅2014年一年就增加了3117万人，是10年前的6.57倍。如果按年龄段分析，18—30岁的网民在人口总数中的占比不断提升。这些居民从网下迁移到了网上，成为自主加入网络的群体。而21世纪以来，新出生人口的95%以上都是网络"原住民"，网络是他们学习、生活、工作的栖息地，网络的移动智能终端与他们须臾不离、形影不分，可能比他们未来的"夫人"或"先生"还亲近，移动智能终端才是他们的"第一夫人""第一先生"。这些居民成了网络的主群体。网络化的首要任务，是要充分调动、发挥网络化主体的作用。

相对互联网而言，物联网的活跃程度也毫不逊色，而且有望进入更广泛的应用推进时期。从物联网所覆盖的主体来看，万物皆可联；从物联网对世界物体的覆盖方式来看，物联网对世界上已有物体，包括对各类机器、工程、产品的改造正在加速；更令人刮目相看的是，各类新装的传感器、监视探头、电子屏幕、机器人、网络应用的智能产品正以每年扩大一倍的速度递增。相对于互联网而言，物联网更是大数据生产的主力军。因此，既要调动网络主体使用互联网的积极性，更要注意调动网络化主体使用物联网的积极性。

2. 网络化的客体是针对各类对象的生产与生活的应用业务。网络化客体的广泛性，决定了网络服务对象、服务内容、服务业务、服务方式的广泛性和多样性。以网络来"化"经济、"化"政治、"化"文化、"化"社会、"化"生态，各个领域都在被"化"之列。经济建设、政治建设、文化建设、社会建设、生态文明建设都必将为网络所覆盖；五大建设领域都会广泛地应用网络技术，通过网络化的形式来不断提升建设与服务水平。

网络化的对象与业务决定了网络化的内容是以业务为核心的，数据、技术都是为业务应用服务的，数据、技术要服务和服从于应用。

3. 网络化的核心是数据信息的利用。数据（信息）、材料、能源已成人类社会发展的三大基本资源。在满足人类需求的产品制造之中，能源是制造的动力源泉，材料是产品制造的物质源泉，数据（信息）是产品如何制造的智力源泉，三者缺一不可。但材料、能源等物质资源使用会有消耗，数据（信息）使用不会有损耗，可以反复且广泛使用。可以对数据信息进行深度利用，不断提高材料与能源的利用效率、使用与商业价值及可持续发展的价值。因此，我们要对原料、能源与过去已开发的各类物品进行数据化的转换，并对这些数据进行深入分析、深度挖掘、深度开发，把大数据利用、新价值的开发放在核心、关键的位置上。

4. 网络化是个渐进的过程，是一个网络技术手段应用于业务，且不断地提升应用水平的过程。网络"化"的水平将逐步由浅入深地进化，向着让网络与业务两者完全融为一体的方向演进，最终实现对业务应用的"彻头彻尾、彻里彻外"的"化"。

第二节 网络 "化" 的方法与途径

由于对象和业务的不同，网络对它们"化"的程度、难度是不同的，因此网络化的形式、途径与方法也各不相同。

网络"化"的形式、途径、方法是什么？主要的有三种：覆盖、融合、升级。

一、覆盖

据《现代汉语词典》的解释，覆盖的基本含义为掩盖、遮盖、笼罩、笼盖，可以引申理解为覆盖者对被覆盖对象提供庇护、防护、保护、监护等服务行为。因此，网络化的覆盖，就是由网络对其覆盖对象及事务提供各类方便、安全的服务及监护行为。

从宏观上讲，覆盖又是一个网络空间（C，Cyber）对人类社会空间（H，Human）与物理空间（P，Physical）的逐步覆盖的过程。由于社会空间（H）与物理空间（P）都是人类的活动空间，所以从本质上说，

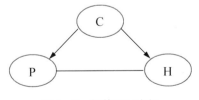

图 1-6 新的三元空间

网络化的过程就是网络对人类活动的逐步覆盖的过程。根据活动方式，我们又将人类活动分为生产活动（H_1）和生活活动（H_2）。网络的覆盖，具体可以分为三类：（1）网络空间 C 对人类活动物理空间 P 的覆盖过程。其具体表现为各类有线和无线通信网络对城市、农村、山区、海岛等陆域的逐步覆盖，卫星等空间通信网络对地球表面与空间、海域的逐步覆盖，海底光缆等对地球互联互通的覆盖，意味着构建"无处不通"的通信能力。（2）网络空间 C 对人类生产活动方式 H_1 的覆盖过程，意味着"无物不联"的物联网应用。其具体表现为对农业种植、养殖、各类农业工程防护方式的逐步覆盖，对工业制造加工方式的逐步覆盖，对环境保护源头治理方式的逐步覆盖，其目标是无业不节约，带来的是绿色、环保、节约、安全的生产方式。（3）网络空间 C 对人类生活方式 H_2 的覆盖过程，意味着"几乎无时不在的在线应用"。其具体表现为"网络在线"型的跨界服务逐步覆盖并改变着人类的购物、支付、社交、娱乐、文化、政治参与等方式和模式，带来的结果是资源节约型、环境友好型的生活方式或消费方式。

从微观上说，网络对人类活动的覆盖过程是"云、管、端"三者各自对人类活动的覆盖过程，具体可以表述为三个方面：

1. 由"端"形成的大数据对人类活动的逐步覆盖。由于各类数字化的数据采集装备的发展与广泛应用，包括各类传感器、高清探头、采访录音设备、摄像成像装置的使用，人类活动被数字化的文字、音频、视频全面记录下来。当这些智能终端产品接近覆盖人类使用的全部产品时，记录人类活动的大数据也就全面地覆盖了人们活动的几乎所有领域。这时，大数据的奇妙作用就可以被充分地挖掘出来了，而利用大数据进行精准分析与预测、预警识别、定位、生产、服务等的功能和应用，也会随之被开发出来。

2. 网络的"通信管线"互联互通对人类活动的逐步覆盖。这将推动物与物、物与人、事与人、事与物、人与人的信息互联互通。结果是逐步开发进入了无处不联、无物不联、无事不联、无时不联、无人不用的全面网络化时代。

3. "云平台"对人类活动的服务与管理的逐步覆盖。这是一个以"云脑换人脑"或"人机交互（人脑与云脑交互）换单纯人脑"的服务与管理的过程。其将有效地克服人脑的疲劳及对庞大复杂事物与体系掌控上的不足，并让云脑保持全天候、全方位的清醒服务与管控，最大限度地避免失察与失误，最大限度地提高管理与服务水平。

网络化的覆盖，是一个互联的过程，也是一个人与人、人与事、事与事、事与物、物与业、业与业之间建立互联的过程。这个"互联"，既是数据信息传输的管网设施的"互联"，又是一个数据业务、供给与需求、服务与协同等内容、业务、思想的"互联"。其本质是让各种经济主体与社会主体、生产服务与客户主体形成主体互联、制造互联、服务互联、创新互联、合作互联、交流互联、交换互联、协同互联等丰富的互联、互动关系。

要学会用动态的眼光看待这种互联产生的互动关系。这种动态的互动，产生了以满足对方（服务对象）需求作为自己业务内容的新服务，诞生了把改善对方的体验作为建立稳定客户关系的新服务，催生了与对方一起创造价值获取共赢的新模式。

网络化覆盖是一个由部分覆盖到大部分覆盖再到全面覆盖的过程。这个覆盖的过程就是从非网络化向网络化的演进过程，是一个从"线下"向"线上"、从"云下"向"云上"的演进过程。对于中国这样一个发展中国家来说，虽然其难度要大得多，但其意义与价值要比发达国家大得多、重要得多。现在，从通信基础设施水平来讲，2015 年我国还处在世界第 100 位左右。4G 只覆盖到城市的城区，网购覆盖的人群只占全国有购买能力人口的一半，智能种植、智能养殖的生产方式还处在探索阶段；"机器＋机器人"互联的加工覆盖个体加工户的比例不到 5％，智能生产线、智能车间的制造模式覆盖中小企业的比例不超过 10％，智能工厂对装备制造龙头企业的覆盖比例也只有 10％多一点。何况"互联"仅仅代表的是网络化覆盖的数量，"互动"才是衡量网络化覆盖的质量标准，还有大量的政、产、学、研、金、介等单位的信息中心还在"云下"呢。差距就是潜力，如果我们用 5 年至 10 年的时间，实现对上述领域的网络全覆盖，我们就有希望建成世界网络强国。

二、 融合

融合是指将两种或多种不同的事物合成为一体的过程。[①] 其本质是一个需求牵引、技术驱动的过程。融合主要有产品功能性的融合、生产过程性的融合和跨界经营流程性的融合。

（一）产品功能性的融合

这是网络技术软件与产品硬件之间的融合，主要是将高级芯片以及传感器、通信装置、控制器等网络技术产品与软件嵌入各种机械装备，使之融为一体，开发出具有智能、绿色、超常、安全、融网等功能的产品与成套装备的行为。其要实现的是网络技术产品与非网络机械产品的

---

① 参见吴澄、孙优贤、王天然、祁国宁主编：《信息化与工业化融合战略研究》，科技出版社 2013 年版，第 1 页。

硬件的一体化融合、业务流程与软件的一体化融合、网络智能装置与非网络智能装置的一体化融合。

（二）生产过程性的融合

这是生产制造过程及环节之间的融合，包括农业种植类企业、养殖场类企业、工业加工制造类企业。具体来说，是企业产品的生产制造过程与"云、管、端"网络间的融合，通过智能机器、机器人的在线自动化生产、在线产品制造过程检测、在线检测发现问题的参数数据自动修正、生产与制造过程的大数据云计算平台的精准管理，实现协同制造与绿色、安全生产。融合的成果，就是实现了农业企业的物联网生产或工业企业的物联网制造。

（三）跨界经营流程性的融合

这是跨行业层面的融合，如电子与商务的融合称为电子商务，互联网与金融的融合称为互联网金融，网络与音乐的融合称为在线音乐。这种融合又叫做跨界经营流程性的融合。同时，因其经营业务又往往涉及三个或三个以上的行业集成，因而又称为商业（务）流程性的融合。比如在电子商务中，在线网购后，往往先付款再发货，这就形成了"网购→在线付款→发货→收货→核销"的流程，横跨了电子商务、互联网金融、物流配送等三个行业及相关的流程。跨界经营流程性的融合，一般是建立在大数据云计算业务平台之上的合作与协同。

"融合"是基于通信网络互联、数据信息互动产生的。在网络化的覆盖中产生了互联，在网络的互联中产生了数据与内容的互动，在互动中形成了网络与业务的"融合"，从而推动了生产与服务的产业模式创新、商业模式创新，进而又推动了新的融合、新的发展。

三、升级

升级，是指在网络化的生产过程、服务流程的循环中的垂直提升，是向上一层次水平的演进，也是网络化实践在时间维度上演变发展的必然。首先，通过实践、认识、再实践、再认识的循环往复，推动了网络的"云、管、端"三者自身的升级。大数据的云计算平台将更完善，通信管网将更畅通，客户端与器物端的水平将进一步得到提升。年复一年的大数据积累，将不断推动人们对有关生产、生活方式的管理更精准、服务更高效。其次，网络与生产过程的融合、跨界经营流程性的融合水平不断升级。在 1.0 版之后，将产生 2.0 的升级版、3.0 的升级版。再次，在网络平台上自由选择合作者，推动合作与协同的升级。网络化赋予了所有参与主体的平等地位与自由选择合作者的空间。这种平等、自由选择的合作，推动了"组合创新"与"集成创新"之间的主体组合的优化，让那些创业者能够更好地走向更大的聚合、更高水平的融合，从而产生升级的力量，创造升级的业绩。最后，经济、社会发展实现转型升级，并向现代化演进。网络技术是现代科学技术与现代化的工具。网络化的过程，从某种意义上说，就是走向现代化的过程。从逐步实现生产工具的现代化，进而实现生产制造方式的现代化、服务方式的现代化、社会治理的现代化、城乡公共服务的现代化，从而打造经济强、百姓富、生态美、社会文明程度高的现代化国家。

网络化的覆盖、融合、升级，是一个互相联系、互相促进、循环演进的过程，形成"在覆盖中进一步融合、互联与互动，在互联与互动中产生新的融合，在深化融合中不断升级、在不断升级中加快覆盖"的良性循环。例如，互联网对金融业的覆盖、融合与升级就将体现出这种良性循环的进步。埃森哲在 2013 年的报告中预测，到 2020 年，美国的传统银行将失去 35％的业务份额，四分之一的银行将消失。未来银行业运营的状态可能是：网点虚拟化、支付移动化、服务网络化、信用管理与服务数据化、信用的影响终生化。

第三节　网络化的主要应用方式

网络化贵在应用，并在应用中获得"红利"，推动变革、促进升级。为了让在一线实践的人们更好地理解并抓好网络应用，本书仍将不厌其烦地从多个角度作介绍。

网络化的主要应用形式有：软件与硬件集成、智能生产制造、跨地域网络协同制造、跨界融合服务、移动服务、大数据服务和全链条云平台协同服务等。

一、　软件与硬件集成

这是指将电子控制软件与成台或成套作业装备集成一个整体的应用行为，如机器人、无人机、无人操作自动驾驶的汽车与石化成套智能化装备等。详见前一节"产品功能性的融合"。

二、　智能生产制造

其分农业物联网生产与工业智能制造两个方面。

农业物联网生产，如鱼塘物联网养殖，通过传感器，可以实时地了解鱼塘的水量、温度、水含氧量及鱼在塘中的游动情况。当水量过小、水位过低时，可以启动水泵来自动补充水量；当水量增加、水位上升时，可以自动开启闸门提前释放水量，以免水流漫堤带走鱼群；当水含氧量过低时，可以开启补氧机补氧；当鱼群整体游动找食时，可以开启喂料机自动喂饲。这一切，无不在物联网云平台的精准掌控之中。

正确理解"智能制造"，对实施"中国制造2025"关系极大。智能设计、智能生产（制造）、智能控制、智能服务，构成了德国工业4.0。因此，智能制造是德国工业4.0主要的组成部分。产品数字化设计、制造设备与制造过程的数字化、低成本的数字制造方式等是美国重振制造业的主要途径。当前，智能制造是上述"四个智能"中的主要组成部分，制造设备互联化、制造过程的数字化是其主要的特点。

智能制造的方式，核心是单机智能设备的互联，主要有四种：

1. 智能制造小组合。这是"机器＋机器人"互联的小组合，主要适用于个体加工户。

2. 智能生产线。这是由若干台机器与若干个机器人互联组成，根据加工程序组合成自动流水加工作业的生产线，主要适用于配件加工的小型加工企业。

3. 智能车间。这是不同智能生产线之间互联组成的，主要适用于模块件、系统件加工的中型加工企业。

4. 智能工厂（物联网工厂）。这是由智能车间互联组成的，根据加工的流程对生产线进行物流化设计，并由大数据云平台来管控制造的全过程，主要适用于大型制造企业。

5. 工厂之间的协同制造。这是在智能工厂之间，并与云服务平台互联组成的一种跨县、市，甚至跨国统一协同、制造同一种智能成台或成套装备的活动。它可以分成两个部分：（1）在各企业的制造活动环节主要采用物联网制造的方式；（2）企业之间的协同采用互联网的方式。

三、　跨地域网络协同制造

已在"智能制造方式"中作介绍，这里不再赘述。

四、　跨界融合服务

这是指以网络为一方，以商业或业务为另一方，两方跨界融合，形成新型的商业模式的一种服务。这是"互联网＋"大有作为的领域。

网络与商业的融合。如网络与商务的融合，叫电子商务；网络与金融的融合，叫互联网金融。

网络与传统劳务的融合。如网络与财务会计的融合，叫财务（税务）服务外包；网络与邮包递送的融合，叫"网络"快递或简称"快递配送"。

所以，电子商务包括"买商品"、"买服务"两种基本类型。

值得注意的是网络与服务性业务的跨界融合，开发出了许多新领域、新服务。数据交互、服务实时、体验精到、形式新奇、付费简单、性价合理，是其开发出服务新品种的新优势。凭着这些新优势，新开发的服务新品种一旦找到适合的商业模式，就会排浪式地被放大。比如各种家用电器物联网的在线服务、可联网汽车的车联网在线服务、保障高楼电梯安全的"梯联网"在线服务等，都将大有空间、大有作为。

五、 移动服务

这是从移动互联网派生出的一种服务，谷歌（Google）公司开发了移动 APP，引发了"智能手机移动服务"的各项业务的开拓。比如移动手机在线支付服务，移动手机的订机票、订车船票服务及订餐、订房（宿）服务等。这也是"互联网＋"中的一种新形式的服务。

六、 大数据服务

这是以云平台为依托、以大数据综合分析或全面评价结果为业务内容的一种服务，是具有广泛业务内容且有前景的新兴服务行业。

网络化推动的"大众创业、万众创新"，诞生了大批不动产较少的知识型、高技术型的"轻资产公司"，而且这种"轻资产公司"会越来越多。传统金融"不动产抵押"的信贷模式已不能适应这种类型公司的信贷业务，银行若不顾及这类高技术服务公司的业务，将会丧失大批优质客户。因此，这一形式派生了与"企业体检""综合还贷风险"评价结果等相配套的信贷业务模式。

"企业体检"就是对信贷企业进行大数据综合分析并作出全面评价结果的一种服务。一些金融大数据综合评价服务公司通过对企业市场产品与服务的订单、财务情况、信用等级等大数据的全面收集，并依托科学评价模型进行云计算分析，可以得出更精准的评价结果。根据这样的评价结果进行贷款决策，并注意加强贷款后使用情况的监管，可以把"还贷风险"降到最低水平。

七、 全链条云平台的协同服务

这里是指利用业务云平台，针对"网络订购、在线支付、产品设计与制造、物流配送"等新型商业链条上的不同企业，开展大数据协同服务的一种新型的商业模式。具体请参阅前一节"跨界经营流程性的融合"与第七章"网络时代的新型商业链与数据流"。

我们要充分发挥全链条云平台协同服务在"产业模式变革"中的作用。以智能产品装备作为主角，以智能生产制造方式为主线，以用户满意的产品与服务为中心，着力推动企业制造或服务模式的变革，实现生产制造过程与服务过程的数字化、网络化与智能化，全面提升设计、研发、生产、管理与服务的水平与品质，更好地造福人民。

第四节　网络化的实质是场大变革

网络化，"化"的不只是技术。网络"化"进了经济，实质是转变了经济的发展方式；网络"化"进了政治，实质是转变了政治的运作方式；网络"化"进了文化，实质是转变了文化的生产与供应方式；网络"化"进了社会，实质是转变了改善民生的服务方式，转变了教育、卫生、就业、交通、养老等公共服务方式；网络"化"进了生态，实质是转变了生态的建设方式与保障方式。

一、 网络化转变了经济的发展方式

(一) 农业生产方式的转变

浙江清华长三角研究院创办的浙华农业公司，为嘉兴农民定制的物联网蔬菜大棚，每个棚里面装了若干个传感器，用于温度、干湿度、pH值、EC值等数据的采集与监测，并为云平台所控制，需要浇水时大棚里的喷头会自动喷淋，需要施肥时会自动施肥，发现有虫害时会自动治虫。这成功地实现了传统农业作业方式的转型升级。

(二) 工业制造方式的转变

红领服装公司是一家从传统服装厂转型而来的大数据工厂，积累了超过 200 万名顾客个性化定制的版型数据，包括款式（领型、袖型、扣型、口袋、衣片组合等）和工艺数据，建立了个性化量身定制 MTM（Made-to-Measure）服装数据系统，顾客只需按红领量体法采集身体 19 个部位的 22 个数据，并对面料、花型、刺绣等几十项细节进行选择或让系统自动匹配，系统便自动建模，就可以形成专属于该顾客的服装版型，并将成衣数据分解到各工序，跟随电子标签流转到车间每个工位的电脑终端上。

红领公司开创 C2M（消费者到机器）的直销方式，客户自主决定款式、工艺、价格、交期、服务方式，可在一周内交付成品西服。用工业化的流程生产个性化产品，成本只比批量制造高 10%，企业的回报却提高了两倍以上。目前该公司每天能完成 2000 件完全不同的定制服装的生产，其年均销售收入、利润增长均超过 150%。

毫不夸张地说，工业的制造方式发生了第三次革命。

当今 IT 技术大约支撑了 90% 的工业制造过程。在过去 30 年左右的时间里，IT 革命给工业制造方式带来了根本性变革，其影响不亚于第一次工业革命的机械化和第二次工业革命的电气化。

从 18 世纪中叶的第一次工业革命（蒸汽机与工厂），到以电力和内燃机为标志的第二次工业革命，发展到当代的以信息技术等群体技术突破与应用为标志的第三次工业革命，分别对应了英国、德国和美国的崛起。近年来德国提出的工业 4.0，主旨是通过网络技术来管理整个生产制造过程，其本身就一直在利用或处理数据。人类的制造业已经从 20 世纪的数字化制造发展到今天的物联网智能制造。网络化对制造业的提升，对当代中国是重大的机遇与挑战。

（三）服务业的服务方式的转变

服务方式，从原来的纯线下方式转到线上与线下相结合的方式，形成了网络在线服务的方式。在线服务具有以客户为中心、互动充分、体验反映快、服务改进迅速等优势。各种网络在线服务不断出现，如在线订购（定制）、在线支付、在线阅读、在线收视、在线监管等，大大改善了客户体验，提高了服务效率与质量。

服务业的跨界融合成为趋势。比如电信运营商开展互联网内容服务；电信运营商和互联网企业进军网络视频业务；银行做电商，互联网企业做金融；互联网企业成为业务运营商；原来阿里巴巴控制电商入口，百度领头搜索入口，腾讯主导社交入口，现在则相互渗透；搜索、社交、电商与位置服务的结合，将创新出更多新业态。

网络化为传统服务业的升级注入了新动力。

二、 网络化改变了政治的运作方式

马克思认为，政治是以经济为基础的上层建筑，是经济的集中体现，是以权利为核心的各种社会活动和社会关系的总和。网络化，使以权利为核心的各种社会活动和社会关系的表达有了新的运作方式。

孙中山先生认为，政就是众人之事，治就是管理；管理众人之事，就是政治。邓小平同志认为，管理就是服务。因此，管理众人之事，就是办好为众人的服务之事。要办好众人之事，首先就要听取众人的意见，集中大多数人的意愿，并代表大多数人的利益去办。所以，政治的运作方式有了民主意愿与意见的采集、民主集中制的决策、决策的实施、服务于多数人根本利益的实现及评价等运作过程。网络可以为这个运作过程提供更广泛、更精准、更高效的服务和保障。网络带来了多方参与、多方互动、多方协同共治的民主政治的新平台与新的实现形式。

网络还带来了"民主"与开放的新形式。如利用短信、微博、微信和搜索引擎可以收集热点事件，舆情挖掘可以预先发现社会不稳定的因素等。

通常认为，一般突发事件发生后，2个小时内，网上就会出现文字或视频；6小时左右，就可能被多家网站转载；24个小时左右，网上跟帖就会达到高潮。因此，当社会事件未发生之时就要加强数据分析，主动提前介入，加强防范；一旦发生，有关部门要重视并使用网络，及时发声、正确发声、持续发声、如实发声，积极稳妥地做好引导与处置工作。

更重要的是，网络也成了问政于民、建设民主政治的有效工具。许多政府通过网络征求网民意见，确定每年应重点办理的实事，获得了群众的点赞。

2015年3月举行的十二届全国人大三次会议与全国政协十二届三次会议期间，各主流媒体通过媒体融合，催生"两会"报道形式创新，引入大数据分析、可视化视图报道、新媒体平台等，使会内会外互动进一步加强，报道实现受众全覆盖。据 2015 年 3 月 10 日中央电视台《新闻联播》报道，《人民日报》首次设立的全媒体平台"中央厨房"的微博、微信和客户端的总阅读量超过 7.6 亿人次。中央人民广播电台的微博、微信、客户端实时上线，"梦想花开报'两会'""做客中央台"等专题每天点击量达到 375 万人次。央视新闻的微博、微信、客户端合力推出"议政 2015"央视新媒体两会报道，累计发稿 1200 余条，微博话题阅读量超过 7 亿人次，微信、客户端阅读量破千万人次。

网络成了建设开放型政府（公共政府）、服务型政府、法治政府的重要平台。如浙江省推出"四张清单一张网"，其中"一张网"就是政务网，即政务公开网、审批服务网和依法行政接受公众监督网。

奥巴马竞选团队有数千名志愿者，通过社交网络和微博等收集选民的爱好和关注，同时运行 66000 个计算机分析数据并建立选民档案。例如，某个选区的选民在 Facebook 或者 Twitter 上的大部分帖子都是关于环保和医疗成本的，竞选团队就通过电子邮件发出奥巴马专谈解决环境与医疗问题的信息，让该区选民理解奥巴马，支持他连任总统。这样做的结果是，与 2008 年的竞选相比，支持奥巴马连任总统的捐助者增加了 50 万人，捐款增加了 20%，支持连任总统的广告投放效率提升了 15%。

2012 年，微软纽约研究院的经济学家戴维·罗斯柴尔德（David Rothschild）根据网络舆情预测美国总统选举结果，51 个选区命中 50 个，准确率达 98%。

三、 网络化改变了文化的生产与传播方式

美国视频网站奈飞公司（Netflix）通过每天记录用户暂停、回放、

快进、停止等播放动作和评分，据此预判观众喜好，选择导演和演员及调整剧情，吸引用户付费订阅，其多屏收视促成了《纸牌屋》的成功。众筹电影《爸爸去哪儿》拍摄四天半获得 7 亿元票房，《小时代》则获得了 5 亿元票房。这些例子都说明了网络化在改变文化的生产和传播方式方面发挥了巨大的作用。

四、 网络化转变了公共服务方式

社会的发展取决于教育、就业、医疗等服务，而网络提供了新的教育模式。

MOOCs（Massive Online Open Courses，大规模网络开放课程）是一个值得提倡的大规模教育创新的实验。这个教育模式带来了"两个主要'经济福利'"（中国人称之为"经济红利"）：一是 MOOCs 使最佳教育、最佳内容与最佳学习方法的低成本复制成为可能；二是比较隐性的福利（红利、效益）最终将会更加重要。麻省理工学院在线学习项目负责人阿南特·阿加瓦尔（Anant Agarwal）说，当数据显示他一半的学生在观看视频授课之前就已经开始做作业时，这使他感到很吃惊。学生们在完成作业过程中遇到难题时，他们就会主动地开展理解授课件内容的学习。这种学习，会让学生们掌握与运用知识的能力得到提高；而寻求解决问题方法的学习，会让学生终生受益。[①]

网络提供了新的就业服务模式。布莱恩约弗森与麦卡菲合著的《第二次机器革命》中介绍，美国的一家由埃里克负责提供咨询的 Knack 公

---

① 参见［美］埃里克·布莱恩约弗森、安德鲁·麦卡菲著，蒋永军译：《第二次机器革命》，中信出版社 2014 年版，第 239—240 页。

司，开发了一系列的游戏程序，每一套程序都生成了大量的数据。通过数据挖掘，Knack 公司对求职者的创造能力、持续能力、性格外向性、勤奋程度和其他依靠成绩单或面对面交流辨识的特征，获得了令人吃惊的精准评价。HireArt 公司（一家人力资源的招聘服务平台公司）、TopCoder 公司（国际知名的编程竞赛公司）等，都在使用数据分析以创造更好的求职匹配，使求职者更容易找到适合自己的工作，使用人者更容易发现自己所需要的人才。

网络提供医疗健康保障的新模式。网络为人们缓解看病难看病贵的问题，提供了智慧医疗、智慧医保、智能健康的新服务。

五、 网络提供了生态文明的发展与保障方式

网络化提供了减量化、循环化、再资源化的生态文明的发展方式，尤其是可以实现生产过程的污染减量化，从源头上提升生态文明的建设水平。物联网工厂的建设与运营、大批智慧工厂的出现，有利于从源头上减少废气、废水、废料的排放，节约用料与能源，提升生态文明的发展能力。如纺织品的印染，过去由于缺乏精准计量装备与精准着色的过程管理，每印染 1 亿米布（中色度）往往要使用 100 千克以上的染料；而现在使用物联网对印染装备进行精准管理，只需投放 63 千克的染料。由此可见，传统的印染方法不仅增加了 37 千克染料的成本，还多花费了 37 千克染料的废水处理成本。此外，假定废水处理效率是 95% 的话，传统印染方式废水处理后向厂外排放的水中有 1.85 千克/亿米布的染料排放量，而智慧印染工厂废水处理后每亿米布的染料排放量只有 0.15 千克，两者比率为 12∶1。

网络化为生态文明、绿色发展提供了手段保障。区域化的智慧环保

实时监测网，可以随时发现影响生态的污染源，有问题时可采取相应措施，防止污染扩大。此外，智慧环保监测网还为建立河道行政区域断面水质环保责任制的履职评价提供了工具。

六、 网络化加速了人类知识、 技术与智慧的共享

网络化使人们无论身处何方，只要有网络就可以获取大量信息知识、技术与智慧，消除了以前由于物理局限导致的信息的不对称性。这将加速人类智能的共享，创新将更为快速，生产力将进一步加速提升。有趣的是，心想事成，当今科技已经可以初步实现。虚拟现实与真实物体同网络、物流和现代科技的结合，使得人类文明的发展进程大大加快，文明的传播与发展的方式大大完善，国与国之间的合作关系更加紧密。

第五节 网络化问题与挑战的应对

中国古人很有智慧，明确提出"上善若水"的理念与正确利用水的思路，善于把水患、水害、水灾转化为水利。网络的应用如水，只要借用老祖宗的智慧，克服网害、网患，发展网利，就可以实现"网善若水"。

网络带来了机遇，带来了生产和服务方式的变革，同时也带来了问题与挑战。网络带来的问题与挑战，主要可以归纳为四类：（1）网络内容的健康安全，背后的实质是权利的安全保障；（2）网络的秩序保障；

（3）网络设施与技术的安全保障；（4）网络战争的风险管控。

应对网络化带来的挑战，首先是要有正确的思路，对问题要有清晰的界定，要针对不同问题采取不同的解决办法。

当前应对网络的问题，首先是对问题的区分不准确，经常用解决 B 类问题的方法来解决 A 类问题，打了乱仗。其中一个突出的表现是把所有的问题简单地归类于网络安全问题，进而又把网络安全简单地归结于网络的设施安全问题，再进而归结于网络的技术安全问题。因此，加强网络的立法、执法、司法工作，理顺相应的执法体制工作，均严重滞后于网络的发展，网络的乱象难以得到正确且有效的治理。

加强网络法治，实现依法保障权利与内容安全，这也是发达国家的经验。2011 年，笔者曾有幸访问过丹麦科技部的信息网络办公室，向他们专门请教政府如何履行信息网络的管理职责。在互动中，他们详细介绍了其工作套路与步骤，至今印象深刻。

丹麦的做法是：第一步，对问题进行全面深度调研。他们组织了全国数百名包括信息技术专家、管理专家、法学专家等在内的各方面的专家进行了半年以上的调研，共梳理出信息网络发展中需应对的几百个问题，再经过分析、归类，并按轻重缓急排队，提炼出需集中力量解决的 13 类问题。第二步，针对问题，组织制定法律。立法的目的，就是为调节利益关系提供法律依据，以保障网络有序、安全、可靠的运作。因此，他们的立法主要针对上述 13 类问题进行，质量比较高，且立法的次序也根据需解决问题的轻重缓急程度进行排序，把握得比较好，先集中力量立哪些法，后逐步跟进立哪些法，很有章法。第三步，根据要解决的问题与法律规定，编制网络发展规划，抓好基础通信网络建设。如他们认为基础通信网的规划原则，就是既要防止垄断，又要防止过度重复建设，增加资费成本。第四步，抓技术创新。针对突出问题的解决，梳理科研课题，破除应用的"短板"，分门别类地制定创新政策，推动技术创新与新技术的推广应用。第五步，抓监管，包括网络的技术监管、安全监管，网络内容与秩序、网民的隐私、企业的商业秘密、社会的公共安全的行政执法与司法监管。第六步，抓应用教育与网络健康文化的建设。由此可见，丹麦是实行问题导向与"立法优先"的，把依法治网、解决问题作为首要工作来对待，这种理念很值得我们学习借鉴。

依法保障网络的内容健康，权利不受侵犯。要下决心全面、深度地开展调研，秉承立法为民的理念，开展网络隐私保护立法、企业技术秘密与商业秘密保护立法、社会公共安全保障立法，加强网络民事法律、商事法律、刑事法律等法律体系的建设工作。同时，加强责任划分，理顺网络的行政执法、民事与刑事司法体制。

依法保障网络秩序安全。既要实行专项治理，又要完善长效治理体系。继续开展对网络诈骗、网络色情、网络煽动与有组织的治安犯罪、刑事犯罪等各种犯罪活动的专项打击。根据原来的业务分工与职能，把网下执法与网上执法的职能与责任制统一建立起来，原则上负责网下行政执法的部门同时要履行网上执法职责，并要对各部门网上执法的履职情况进行评价，对"不作为"的单位及人员进行问责！

网络设施的安全保障，一靠技术创新，二靠工程，三靠管理制度。要把这"三靠"统筹起来，在动态进程中逐步解决好这个问题。摆在首位的，是要加强管理制度建设。比如，为了保障网络的安全，要明确规定国家机关、政府部门、军队、公用部门以及金融等国有大型企业必须使用有自主知识产权的网络设备与软件，加快自主知识产权技术设备的替换进度。按规定，国有大型企业每年用于网络自主技术创新的经费不得低于总收入的 5％，每年用于更换自主知识产权网络设备与软件的支出不得低于利润的 10％，并与公用部门或国有大型企业经营团队的工资报酬挂钩，违者扣减年薪并相应问责。若能按这样的思路去做，只要坚持 5—10 年，我国的网络难以充分保障国家与公共安全的状况定会得到改观。

网络战争的风险管控，要靠国际公约。要参照国际禁用生化武器的思路，从任何国家、任何人都不得从事人类犯罪活动的角度，启动网络战争风险管控的国际公约研究、宣传与签约的推进工作。若利用网络战的手段，破坏大型水电设施造成大面积的水灾，破坏电力设施造成大面积的停电，破坏一国金融引发国际性的金融风波等，可定义为反人类罪的行为。须知，网络战的风险与后果并不亚于生化武器。通过国际公约，可以明确限制网络战争的范围边界，如不得对任何一国的水利枢纽、电网设施、金融体系等方面采用网络战的手段，避免伤及更多的无辜和人类自身的安全发展，违者按反人类罪进行惩罚，全世界各国都有权且有责任对这类罪犯进行追究。要通过国际性的人类保护合作，使网络走上共享共治之路，保障各国人民享有网络带来的幸福。

第六节 正确的网络化思维

建立正确的网络化思维，有利于正确对待网络带来的变革、机遇、问题与挑战，有利于正确把握并用好网络化的大变革。

工业和信息化部原副部长杨学山 2014 年 9 月在宁波召开的一次座谈会上提出，要树立正确的网络化思维。他明确指出，要推进信息化和工业化的"两化"深度融合。如果只有信息化或工业化的单方面的思维，那肯定是不全面、不正确的。"两化"融合，主题词是"融合"，关键是建立"融合"的思维，而不是"你化我还是我化你"的"一化"思维。

由此，笔者想起了过去十多年浙江的一些发展思路或口号，比如"跳出农业抓农业"，这是要求以抓工业的思路抓农业；"跳出工业抓工业"，这是要求重视抓好生产性服务业尤其是高技术服务业来推动工业的转型升级；"跳出浙江发展浙江"，意思是要有开放合作的思维，利用省内外、国内外两种资源和两种市场来发展浙江的经济。根据同样的道理，我们可不可以说，"跳出信息化或跳出工业化来抓'两化'融合"呢？结论是肯定的。

那么，什么是正确的网络化思维？

1. 树立网络与业务"一体化融合"的思维。要防止把网络与业务搞成"两张皮"，更不能只有网络技术型的思维。"网络为民"的宗旨，最重要的是业务与网络要融为一体，造福于民，这才是根本。即使出于企业的商业利益，也要坚持这个思维，因为只有造福于民的服务，才是有价值的服务，才能在造福于民的过程中为公司带来合理的商业回报。网络化，化的是业务与内容，化的是业务的全过程或全流程的服务，化的是与保障业务顺利进行的管理体制，而不只是网络技术本身。因此，那种认为只要有网络技术人员，就能发展智慧交通、智慧医疗等信息系统的想法与做法，本身就是脱离实际的。同理，根据网络要与业务内容融为一体的思维，就必须组建由网络技术专家、业务专家、管理专家等多学科人才构成的综合性团队来开发网络化的业务，并且让有权决定管理体制变革的领导来负责与主持。

2. 树立网络是一个包括"云＋管＋端"的完整系统或体系的思维。要防范把云、管、端系统分割开来的思维，比如在开发各类产品、机器、机器人或装备时就应该想到，这些产品或装备是要在物联网、互联网的一个生产作业系统或跨界经营流程业务体系上使用的，因此不但要智能化，而且还要与云和管网通道的数据传输相匹配。我们要开发的必须是能够在互联网或同一物联网上使用的新产品。

3. 站在为服务对象提供便利的立场上，树立"提供解决一揽子问题的服务才是有意义的服务"的思维。越是高技术，客户的应用就应该越简单。如果不能让客户简单地应用，提供"一键通""一号通"的服务，客户支付学习的费用比支付享受服务的成本还要高，势必影响应用市场的开发，影响网络化的进程。这种思维，说到底是客户至上、服务至上、消费者至上的思维。

4. 树立以网络可信、可靠、安全为品牌的思维。要站在网络的权益与安全保障的角度，树立提供可信、可靠、安全、放心的网络服务的思维。可信、可靠、安全、放心的网络才是有生命力的网络，这样的网络服务才是可持续发展的服务。只有达成这样的思想共识，网络服务企业才会主动地健全公司，为客户提供可信、可靠、放心的安全保障与权益保障的管理制度，才会注重网络服务品牌的打造，促进网络服务的健康、可持续发展。

5. 正确认识网络的价值，其价值与用户数或节点数的平方成正比。至今还有人认为网络经济是虚拟经济，不会产生价值。要知道网络通过对实体经济的覆盖、融合、升级，极大地改造提升了农业、工业和服务业，有可能促进它们的升级，其价值是不言而喻的。

网络的价值还来自开放与合作。有些人总想在自己的行业、领域搞一个单独的网络，上下垂直，自成体系，不想与其他网络相连，更不想借用他人的网络，这样的网络容易成为"孤岛"。要知道，网络的价值与其节点数或用户数的平方成正比，这就是梅特卡夫定律。A 网络的用户数是 B 网络用户数的 10 倍，A 网络的价值就是 B 网络的 100 倍。阿里巴巴的股价之所以那么高，不仅在于其具有完备的商业模式、盈利模式，还在于其拥有几亿的用户。这也是 BAT（百度、阿里巴巴、腾讯三家互联网企业的简称）以及其他电商经常发生抢夺用户大战的原因。为什么网店的业务发展那么快？原因也在于此。

6. 增强把自己"泡进去"以改变网络"难民"身份的自觉意识。网络化的潮流，顺之则昌是肯定的，逆之会"亡"吗？"亡"字可能激烈得让人在情感上难以接受，但"难"字是可以接受的。网络潮流，顺之则昌，逆之则难；网络居民、网络移民、网络难民，三者之中，不适应网络者，自然应当归结到"难民"一列。

在网络化的大变革中，主动适应者，更容易成为时代的骄子。顺之者，企业、地区、城市乃至国家都能繁荣昌盛；不适应者，则会越来越举步维艰，企业会衰落败亡，地区、城市乃至国家会落伍，逐步掉到后头。

未来拉大企业、地区、城市乃至国家之间发展差距的一大原因，很可能在于其被网络边缘化。《世说新语》有个"南柯一梦"的寓言，说的是一个樵夫上山砍柴，看到两个人在下棋而入迷，站在一边看了一天而不知觉，后来下棋的神仙提醒他砍柴的斧柄已烂，可以回家了。这个樵夫由此警觉而回到凡间，但家里的人都已不认识他，提起原有的兄弟亲人，都是族谱上前几代的人了。据说，此故事发生在浙江衢州的烂柯山。由此，有了"天上一日，世上千年"之说。网络化的浪潮飞速发展，带来的结果必然也是"网下才一日，网上已千年"。因此，融入网络化潮流，是防止被网络边缘化的唯一良策。

融入网络化的方法，就是要舍得把自己"泡"进去。笔者小时候看祖母腌泡菜，只要把洗干净的萝卜、白菜加盐"泡"到腌菜缸里，过几个月，萝卜和白菜就都成"泡"菜了。笔者老家人管这叫"冬菜"，意思是在冰天雪地的冬天吃的菜。这也如学游泳，你想学会游泳，光听讲座可不行，还是得下水去实践。网络化的知识与实践并不神秘，只要肯去学习和实践，就肯定不会当"网络难民"。何况，普通的企业家、政府机关的干部也不必学到网络技术专家的水平，只要懂得网络技术、能够利用网络技术、听得懂网络技术专家的意见建议，并能做出正确的判断就可以了。

7. 弄潮网络时代，要坚定又务实。在网络化的历史大潮面前，顺之则昌，逆之则难。要成为网络时代的弄潮豪杰，领潮国度，必须在顺应网络化的新思潮和新要求时，既坚定又务实。社会发展的形势在变，但人类文明形成的共同价值观需要传承和升华；科技发展的形势在变，但创新的根本还在于科学与原创。当今中国既要驾驭网络化大潮，又必须警惕网络化浮躁与网络化迷信，防范网络泡沫。科学探索与提升基础制造能力没有捷径可走。我们提倡自觉顺应网络化潮流，是要驾驭潮流，取得主动；同时要与提高技术原创能力和提升基础制造能力有机地结合起来，让网络化为解决这些基础性问题插上腾飞发展的翅膀，使其更深层次地融合，化为一体。

第二章

网络化是如何实现大幅提速的

REMARKABLE

NETWORKING INNOVATION

追寻网络化的缘由，我们发现，生产力发生的巨大变化正迎面而来。

　　正如第一章所述，大变革源自网络化。在这里，笔者想进一步说明，网络化的提速则源自云、管、端三者的技术创新。因此，这一章的重点，是介绍云、管、端的技术创新。

　　云、管、端的技术创新，既为网络化扫除了技术障碍，又为网络的大面积应用推广降低成本提供了可能。技术的集成创新尤其是在云平台上的集成创新、信息技术指数级的增长，全面加快了联网、智能、绿色、安全等"应用终端"产品的开发；4G、近场通信等通信技术的成功创新，综合组网传输技术的进步与APP简便应用的普及，使"管"的水平有了大幅度的提高；分布式云计算软件的开发及开发成功之后建设的云平台，又为各种应用软件的进一步开发创造了条件，使云加快了应用推广；数字化、网络化普及应用需求的巨大牵引作用，使网络化的进程日益提速！

第一节　"云" 业务平台的集成创新

云业务平台的基本构架主要包括三个部分：存储器与服务器、分布式通用计算软件和专项业务应用系统操作软件。

分布式大容量存储器与高性能计算服务器的开发是云计算发展的前提条件。分布式通用计算软件，是一种调用大数据与调用分散布局服务器冗余计算能力的工具，这种"调用工具"很重要，但本身并不能增加计算容量。打个比方，如果把十座水库通过渠道连成一个整体的话，分布式通用计算软件就相当于这十座水库的整体调度的渠道，它可以通过优化配置库容来增加水量，但其自身并不会增加水量。大容量的存储器与大功能的服务器就相当于这十座水库，当一座水库腾出库容时，可以从另外的水库调水来增加库容总水量。每个服务器的容量大小、性能强弱，取决于其嵌入式软件芯片的计算能力，这当然也会影响到建设成本与可调节的计算能力。关于每台存储器、服务器的容量，在此暂不作具体阐述，将在"网络终端产品技术创新"一节中再做补充。

这里先重点介绍分布式通用计算软件和专项业务应用系统操作软件的开发及其意义。

一、分布式通用计算软件的开发与云计算的发展

分布式通用计算软件的开发、云计算的应用发展，是具有历史变革

意义的技术突破。桌面互联网时代，对数据的分析计算都是由中央处理器进行的。移动互联网产生后，设备的小型化、移动化迅速发展，单个设备的计算能力有限，已难以满足其应用需求。同时，在物联网应用中，需要将所有业务传感网的数据汇总并进行统一分析，因此产生了云计算。

云计算是基于网络的一种分布式的计算方式。云计算的"云"通过分布式计算和虚拟化技术，将存在于网络上的服务器资源，包括硬件资源（服务器、存储器、处理器等）与软件资源（应用软件）进行统一调度使用。提供云计算服务的公司，都将服务器资源分布在传输网络的枢纽，且气温相对比较低、能源相对比较多的少数几个地方，实行集中式的管理，而对资源的分配与调度使用则采用分布式和虚拟化的计算技术。云计算通过分布式的数据自主分布存储与分布式计算能力的集中调度使用，为客户提供如同用电用水一样的、可以随时随地获取的数据存储与计算服务。

支撑云计算的核心是数据分布式存储与分布式计算的系统软件。有了这个系统软件，才能把众多的存储与计算资源统一地开发利用起来，可以随时随地在任何终端设备上连接互通，实现"多对一"的效果，获得巨大的计算服务能力，并使建设成本降到最低水平。同时，有了这样一个系统软件，才能有序、合理地调配分布式的资源，提供高水平的计算服务。

云计算除了带来相对便宜的分布式运算存储之外，还带来了分布式计算的架构。基于云计算技术构建的大数据平台，能够聚合大规模分布式系统中离散的通信、存储和处理能力，并以灵活、可靠、透明的方式提供大数据的应用与计算服务。

由雅虎前员工道格·卡廷（Doug Cutting）最先开发的 Hadoop 技

术，为分布式通用计算软件与具体应用业务系统软件的集成打开了新局面。Hadoop 由一系列开源技术组成分布式架构，包括 HBase 数据库系统、Map Reduce 并行计算框架、HDFS 分布式文件系统及 Mahout 算法库等。因为其扩展性强、数据种类灵活、成本低，被广泛应用于各行各业。

云计算的诞生是一个有历史意义的巨变。

首先，云计算是继 20 世纪 80 年代大型计算机—客户端—服务器的大转变之后的又一巨变。云计算通过建立网络服务集群，向各类客户提供硬件租赁、数据存储、计算分析和在线实时等各种类型所需的服务，其服务的特征为：可提供随需而供的自助服务；随时随地用任何网络设备访问；多人共享资源；快速重新部署，灵活度高；是可被监控与测量的服务；能够减少用户终端的计算处理设备投资与运营开支，降低用户在专业技术知识方面的使用门槛。

其次，云计算适应了大数据的开发利用要求。大数据有四个特征[①]：(1) 大量（Volume），指的是通过各类智能终端设备产生的数据量巨大，称为海量的数据。(2) 多样（Variety），指的是数据种类繁多。在桌面互联网时代，我们使用的数据类型以便于存储和规范分析的文本型结构化数据为主。到了移动互联网与物联网时代，由于各类传感与移动智能终端的功能的扩展，数据既包括规范文本结构化的关系数据，也包括来自各种高清探头、传感器实传、智能手机摄像、各类网页、Web 日志文件、搜索引擎、社交媒体论坛、电子邮件等原始、半结构化与非结构化

---

① 参见吕廷杰、李易、周军编著：《移动的力量》，电子工业出版社 2014 年版，第 198 页。

的数据，而且非结构化数据占主要比例。（3）高速（Velocity），指的是数据的产生与对数据利用的处理都要快，要达到"在线实时"的水平。据 IDC 测算，2011 年全球数据总量为 1.8ZB，2012 年为 2.8ZB，按每两年翻一番的速度，2020 年将达到 40ZB（1ZB＝2^10000000Byte）。由于数据处理具有时效性，比如与电子商务相关联的第三方支付，如不及时支付，就会破坏网络交易的秩序。（4）价值（Value）密度低。价值密度是指有价值的数据与数据总量之比。价值密度的高低与数据总量的大小成反比，通常有价值的数据占数据总量的比重只有万分之一。

云计算成功地解决了大数据开发应用的难题。分布式的云计算，使云具有巨大的海量数据处理能力和计算服务能力。只要数据处理有需要，分布式的云计算架构可以像天上的云彩一样随时按需扩张。云计算因为相同的原因，同样能够满足多样的、类型不一的非结构化数据的处理的需要。由于云计算是由网络来联结各分布式的计算服务器的，使云具有可"在线实时"计算服务的优势，因此同样可以满足对数据"高速"甚至实时处理的要求。而云计算的能力来自分布式的服务器，且可以将各个服务器的冗余计算能力充分挖掘出来使用，使得云计算的建设与运营成本大为降低。这种"相对低廉"的计算服务同样也适应了数据利用开发价值密度低的特点，即使挖掘出万分之一的数据利用价值，也能具有合理的性价比。

云计算所具备的成功有效地开发大量、多样、高速、低密度的数据的能力，最终将数字化应用推向了一个新的历史时代，这就是大数据时代！

最后，云计算提升了网络的系统集成处理能力。云计算使网络在多级自动控制体系中形成了具有智能型控制的平台，具备了整合不同级次的控制能力，形成系统自动控制能力的集成，从而诞生了物联网。

以城市天然气网为例。城市智能天然气网云计算，具有多级次的自动控制功能。气网中的各级智能阀门，均具有一定水平的数据计量与自动控制的能力。供气站与各级加压站，也有自动计量与自动控制的能力。但是，上述自动计量与控制能力都属于"智能"级的控制能力。城市天然气网的云计算管控平台是显然不同的，它是整个城市天然气网的大数据汇集与云计算的处理中心，具有"智慧"级的调控能力。它通过天然气的专用通信网络，具有系统化的核心管控能力，可以实时在线监管并校正各个阀门或任何一个加压站的自动计量与自动控制行为，可以向各个阀门或加压站发出指令并协调它们之间的运作。另一方面，这个云平台因为具备海量、多样、高速高效、精准的数据处理能力，所以它具备的不只是智能水平的控制能力，而是智慧水平的自动控制、协调、管理能力。

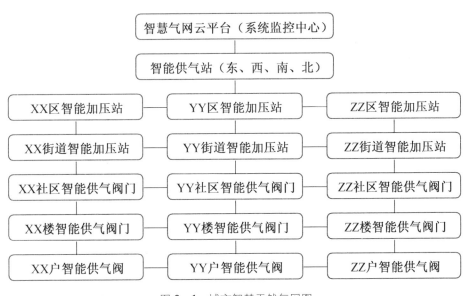

图2-1 城市智慧天然气网图

物联网云的智慧水平的自动精准管控与协调能力，打开了其广阔的应用空间。它使机器与机器、机器与机器人、机器人与机器人之间的合作达到了多级、系统的精准控制与协同水平，从而进入安全可控、可信、可用的阶段。

由此，由机器与机器人构成的智慧工厂诞生了，产生了德国与欧盟倡导的工业 4.0 的工业物联网的制造，诞生了"第二次机器革命"的理论，出现了世界性的第三次或第四次工业革命的理论与实践。

二、 专项业务应用系统操作软件的开发与再开发

软件定义世界，软件决定应用。网络专项业务应用系统操作软件（具体业务操作软件），是决定互联网与物联网应用的关键。

如"智能交通"建设，首先取决于城市交通系统操作软件的开发。只有开发了这个智能交通业务系统操作软件，再加上分布式通用计算软件，才可以建设"交通云"，智慧交通才能落地并高水平运作。再如制酒物联网，首先必须开发制酒生产过程系统管理操作软件，再加上分布式通用计算软件，才能建成"企业制酒云"，制酒物联网才有可能在企业投入使用。

网络专项业务应用系统操作软件的首次开发，其难点在于具体业务过程、作业过程、商业流程的建模。有了这样的建模，专项业务系统操作软件才能开发出来。

专项业务的建模，是个"解构"与"重构"的过程。

"解构"的目的是为了寻找标准的"构件"。这个"构件"是有内在特定要求的，不是任意选取的。以"智慧医疗"为例，其构件就是"电子病历"（或者称为"个人健康档案"，"电子病历"应该融合到"个人健

康档案"之中)。它具备以下特点：（1）具有不可再分解性。医疗的服务对象是具体的每一个人，在医疗服务过程中，具体到每个人之后是不可以再拆分的。每次具体的医疗服务就是具体为"那个人"进行了一次医疗服务，从来没有说为"那半个人"提供了一次医疗服务。电子病历（个人健康档案）是"个人电子病历"的简称，其功能就是为每一个人建立每次诊疗的档案记录，也可以称之为"个人电子医疗档案"。（2）具有可重复的使用性。个人电子病历是每个人自建立"个人电子医疗档案"起，从生到死的每次诊疗的记录，可以亦必须重复使用、连续使用直到生命终结为止。（3）具有通用性。电子病历是每个医疗机构、每个医生、每次诊疗过程的通用文档，是卫生监管、医疗保险管理、医患事故查证的通用文本，是医疗全程服务与医疗、医保全面监督管理的通用的文本档案。（4）具有兼容性或融合性。电子病历，顾名思义是由"电子"与"病历"构成的，是"数字化的病历"，兼容了网络的"数据（电子）"与医疗的"病历"等内容，使"数字化"与"病历"两者融为一体，奠定了其作为"在线医疗"的基础性构件的地位。（5）符合可标准化的要求。电子病历必须是符合格式化标准化要求的，这样才能作为"电子的网络通用的构件"来使用，亦才能在不同的医疗机构之间共同使用。（6）具有专业业务的特性。比如人口基本信息是基础件，个人电子病历是"智慧医疗"构件，在基础件上可以开发多种构件。

应该说，符合上述六点要求的构件，才能成为"标准化的构件"。

"重构"的目的是为了新建融网络与业务为一体的新的网络化的业务运作模式。如融网络与医疗服务为一体的模式，就是"在线医疗服务"或"医疗大数据服务"；融网络与商务为一体的模式，就是电子商务。新的网络化的业务运作模式，就是按"融网络与业务为一体服务"的要求重新建模，或者说建立"融网络与业务为一体的架构"（网络化的业务架构），并根据这个架构开发业务操作软件，实现在大数据与云计算平台上统一管控、协调下的具体业务运营。

"解构"是对传统复杂的业务流程或传统行业应用架构模式进行分解，并找到新的重构的"构件"，是业务或行业应用软件开发"构件化"所必须进行的一项工作。而"重构"是根据业务活动的数据流关系，按照实现大数据技术与业务内容、网络运行与业务过程管理、云计算服务与业务管理制度"三者相融合"的要求，依托其具体的构件进行运行模式的重建活动。

解构，相当于拆除老建筑，并把老建筑中的砖石、柱梁等相应构件清理出来；重构，则相当于根据需要，重新设计具有新功能的建筑，并利用旧建筑中的构件，重组建设新建筑。但建成后的新建筑已非老建筑，功能、架构等发生了性质迥异的改变。

前面的老建筑可能是家小工厂，后面重建的新建筑可能是座别墅。比如电子商务，既不是通常的简单的"电子"（互联网），也不再是过去的商务（已删除了传统批发零售的许多商务环节）。所以，电子商务是一个电子与商务相融合的新事物，是电子与商务之间一体化融合的新产物，其中"电子"是手段，"商务"是核心的业务内容。准确地说，它应该是"互联网商务"。

从专项业务应用系统操作软件开发方面来说，解构就是业务流的数字化、数据化、构件化，以及业务数据的标准化；重构，就是将构件重新组合。在解构与重构的过程中，必须使用业务流大数据技术来对整体业务架构进行精准描述，对标准化构件进行精准梳理或整理，必须找到反映业务数据流运行的特殊算法，必须有软件架构师对业务数据流的新架构进行重新设计，再通过编程工程师进行编程与软件开发。

因此，业务系统软件开发，是业务管理技术、智能算法、数据架构设计技术、软件编程技术等集成的结果，是精通业务的管理专家、数据计算与建模专家、大数据架构师、软件编程工程师等精英合作、协同创新的新成果。这种新的协同集成开发模式的诞生，尤其是加上开源软件的作用，加快了专项业务应用系统操作软件的开发进程。

相对而言，一个企业制造物联网的生产系统操作软件就相对简单一些。但如果经过若干个企业的制造过程系统软件的开发，所积累的经验、人才、技术将有利于开发多家企业协同运作的云平台商务软件。

三、 云平台加快了分布式通用计算软件、 网络专项业务应用系统操作软件的开发与集成创新

在云平台上对专项业务应用系统操作软件进行集成开发，是首次集成开发的突破性的创新。

通过建设软件开发的云平台，设计开源系统，以及提供开发软件的工具服务，包括智能化的计算服务、构件的标准化服务、数据的语义化转换等，使得软件开发的云平台成为软件集成创新的枢纽，将进一步推动软件的集成，推动软件的混搭式应用开发。

随着互联网与物联网技术的发展，网络专项业务应用系统操作软件在云平台的开发已成大势。Linux 和开源软件的拓展应用、Java 和 Ajax 的支撑、Web 的服务、软件的混搭应用、软件外包等，都将通过软件云平台展现出新的魅力。

云平台的另一个妙用，是对专项业务应用系统操作软件的"再开发"。

谷歌花巨资打造的网络平台就是这样的一个案例。谷歌的平台，通过移动互联网的安卓操作系统，以其开放性为任意第三方提供服务，支持用户融合开发新型的应用产品，这为第三方构建了创新的生态系统。同时，谷歌借助这样的软件系统集成创新平台，又从全世界开发者和数以亿计的客户应用中得到启发、汲取营养，发现并进一步开发自己更有价值的"数据、业务与软件"，从而把软件的再开发推向新的水平。

为了讲清楚云平台上专项业务应用操作系统软件的"再创新"，笔者想起了杭州跃兔公司的例子。杭州跃兔公司是一家动漫业务的平台运营商，它的运作架构如图2-2所示。

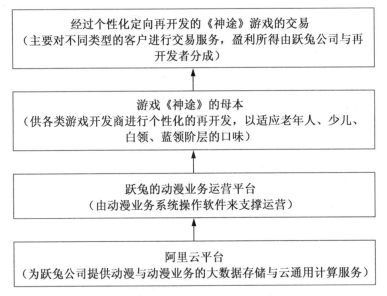

图2-2 杭州跃兔公司《神途》游戏合作开发经营构架示意图

从这个例子的架构中，我们可以知道，网络专项业务应用操作系统软件的再开发，则如图2-3所示。

在上述流程工业物联网自动化生产控制软件的再开发过程中，提供

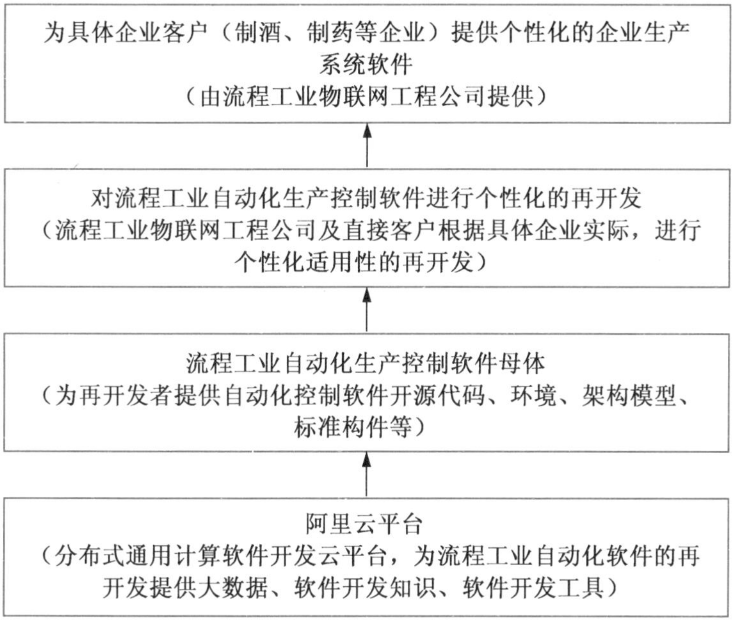

```
┌─────────────────────────────────────────────────────┐
│  为具体企业客户（制酒、制药等企业）提供个性化的企业生产  │
│                      系统软件                          │
│           （由流程工业物联网工程公司提供）              │
└─────────────────────────────────────────────────────┘
                          ↑
┌─────────────────────────────────────────────────────┐
│       对流程工业自动化生产控制软件进行个性化的再开发     │
│   （流程工业物联网工程公司及直接客户根据具体企业实际，进行  │
│              个性化适用性的再开发）                     │
└─────────────────────────────────────────────────────┘
                          ↑
┌─────────────────────────────────────────────────────┐
│           流程工业自动化生产控制软件母体               │
│   （为再开发者提供自动化控制软件开源代码、环境、架构模型、  │
│                标准构件等）                            │
└─────────────────────────────────────────────────────┘
                          ↑
┌─────────────────────────────────────────────────────┐
│                    阿里云平台                          │
│   （分布式通用计算软件开发云平台，为流程工业自动化软件的再  │
│      开发提供大数据、软件开发知识、软件开发工具）          │
└─────────────────────────────────────────────────────┘
```

图 2-3　流程工业物联网自动化生产控制软件再开发示意图

流程工业自动化控制软件母本的企业为流程工业物联网工程公司及使用客户提供了再开发的母本，流程工业物联网工程公司及使用客户必须向提供母本的企业依约付费。同时，向其他客户转让使用"再开发软件"时，必须按分成的比例向母本企业交款，并依法依规依约进行运作，确保各方的合法权益，确保专项业务操作系统软件"再开发"市场能够培育起来，并有序可持续地运营下去。

为什么会有这样的需求呢？从云平台的应用能力来看，很多中小企业只需要 500 台甚至 50 台的计算能力等级的"云"。这就需要根据企业的需求对云平台进行"裁剪"，量身定制适合企业应用能力等级的"云"。从应用的差别看，中小企业需要个性化的私有"云"。不同的行业、不同的中小企业的需求是不同的，管理水平亦有差异，需要有针对性地开发适合专项业务的系统操作软件。从中小企业云的开发能力看，中小企业信息化基础薄弱、人才缺乏，它们缺乏操作软件的首次开发人才，但有能力结合实际进行再次开发，或者借助类似工业信息工程公司的云计算与大数据工程服务商的帮助进行"再次开发"。

在云平台上对各专项业务应用系统操作软件的"再开发"，其好处多多，主要有：（1）专项业务应用系统操作软件通过结合企业实际的个性化再开发，使软件更适用、更好用。（2）推动应用系统软件的群体化开发。这改变了专项业务应用系统操作软件只能等待其母本企业进行个性化完善改进的状况，使专项业务应用系统操作软件的再开发走上了众多客户可参与的"众创"开发之路。这样，既可降低再开发的成本，又可提高再开发的效率，加速专项业务应用系统软件的升级。（3）形成了软件再开发的新的商业模式，有利于加快网络的应用推广。（4）创造了专项业务应用系统软件再开发市场，有利于释放软件产业发展的活力，进一步繁荣软件产业。

应该看到的是，我国目前专项业务应用系统操作软件在云平台上的再开发还没有形成规模与气候，这是我国软件不好用、不适用的根本原因，亦是制约我国软件产业高质量高水平发展的重要因素，更是我国网络应用推广慢、实效不理想的重要原因。好在我们国家一些有识之士已经看到这点，许多企业已经着手改变这一切，这让我们感到欣慰。这项工作的推开，将为网络应用的推广工作注入新的活力。

分布式通用计算软件的开发、专项业务应用系统操作软件的开发与再开发，加快了云业务运营平台的开发进程，为互联网、物联网各项业务的应用与推广创造了极为重要的条件。

第二节 "管" 的技术创新与应用创新

"管"在网络中主要承担数据信息传输的功能,它一头连接"云",另一头连接"端"。其具体的形态众多,既包括有线金属电缆、光纤电缆,又包括无线传输,如蓝牙、工业以太网、无线电、2G、3G、4G、5G、卫星通信等方式。所以我们称之为"传输管道"(简称管),就是出于能更正确囊括所有数据传输方式的原因。

互联网的"管"即传输方式,不仅多样,而且对传输质量、速度等要求比较高,其传输方式包括有线、无线、卫星,以及电信管网、广电管网、卫星太空管网和海底光缆等,其中无线部分包括 2G、3G、4G 及未来的 5G 等,主要使用广域网、国际互联网。

物联网的"管"有所不同,往往以一个企业、一个学校、一个工程、一个城市为单位,使用的是局域网,如传感网、有线或无线局域网,以及工业企业以太网等。许多单位业主往往自行建设使用,当然也有自建加租用的方式。

这样介绍"管",会让人觉得"管"很简单,可以不必太重视,其实不然。"管"是网络数据传输的"咽喉",往往成为应用的"卡脖子"问题。要充分利用好网络化大变革的机遇,就必须加快宽带"管"网建设,加强传输技术与传输方式的创新,打造安全可信、快速优质、高效坚强的传输管网。

最令人高兴的是在有线宽带建设之后，近年来我国对 4G 无线宽带进行了试点，继而进行了大面积的推广建设。4G 无线网的建设，使网络覆盖水平、网速、数据的传输质量有了很大的提高。

2015 年 3 月 30 日，我国成功将首颗新一代北斗导航卫星发射升空，这标志着我国北斗导航系统由区域运行向全球拓展的启动实施。随着管网技术的进步与投资建设力度的加强，我国的北斗网正在形成规模，并渐入更加适用的佳境。

综合组网技术的突破，促进了有线宽带网、2G、3G 与 4G 无线网之间的互联互通，使通信的综合保障能力迅速提高，为网络化进一步完善提供了条件。

近期，4G＋WiFi 等近场通信也为应用打开了新空间。近一两年来，各种互联网应用不断被开发出来，让人们进一步感受到了网络化发展的速度，增加了网络化的新体验，使人们享受到了网络化的成果与幸福。

特别值得一提的是，"管"技术的进步，进一步打开了物联网的应用空间。使物联网的局域网的应用增加了更可信可靠和更经济合理的"管"的实用模式。例如，过去工业企业的自动化用的是以太网，现在可以使用有线宽带厂域网、4G 无线宽带厂域网以及其他现代通信网，其中城市各类工程监管的物联网还可以使用专用传感网。因此，在物联网建设时，一是对管网的可选择性增加了；二是通信传输的保障水平提高了；三是建设、运营、维护简便了，费用亦大大地降低了。

那么，通过传输方式的改进，互联网终端如智能手机的 SIM 卡技术，可以直接用到物联网的终端装备吗？如能把互联网客户端的智能手机 SIM 卡技术，推广到物联网器物端的装备中，就可以加快物联网终端产品的开发步伐，打破物联网应用的"瓶颈"。事实上，物联网技术包括感知设备、通信传输协议和分析处理平台等，其中通信传输协议已比较完备，能够满足各类物联网应用的需求。我们从通信公司了解到，目前3G、4G智能手机的 SIM 卡技术，是完全可以用到物联网器物端的装备中的。如通信企业的智能电表应用，直接采用常规（民用）的 SIM 卡即可。今后，物联网端的应用还将采用"物联网专用卡"，其号段已分配确定，例如特别服务号 10646 等；此外还会有"工业级"专用卡，以备不同温度、压力的工作环境之用。

浙江电信、浙江移动、浙江联通等通信营运商建设通信传输骨干网，也提高了互联网的应用及互联网与物联网的混合使用的保障能力；各企业、工程单位局域网建设的选择性、可靠性、经济性的增强，为物联网的推广应用进一步创造了条件。

从未来趋势看，我们还应当前瞻 5G 移动通信技术。5G，是英文 5th - generation 的缩写，指的是第五代移动电话系统，也是 4G 的延伸。5G 技术属研究中项目，中国（华为等）、韩国（三星电子）、日本、欧盟等都投入了巨大的资源在研发 5G 网络。

作为基础网络，与 4G、3G、2G 不同，5G 将是一个真正意义上的融合网络，可以把以前建设的各种不同水平、不同形态的"管网"组合、集成为一个相融合的体系来使用，无缝型地支持各种新的网络部署，为用户提供各类传输水平的定制式个性化的服务。据国际咨询公司分析，5G 在技术方面具备的通信服务能力包括：高达 500Mbps 的传输速率，非常高的可靠性（室内达 99.999％），高达 1000 倍的功耗降低幅度，高达 100 倍的互联设备，100 倍的数据传输率，显著提高的安全能力。

在业务定位上，2G—4G 系统都服务于通信业务，但 5G 不仅是下一代移动通信网络基础设施，而且是未来数字世界强有力的驱动者，是真正变革到物联网的基石，将服务于全连接社会的构筑。

在应用部署上，华为于 2014 年宣布与俄罗斯电信运营商 MegaFon 合作，为 2018 年世界杯场馆提供 5G 网络覆盖；与阿联酋 Etisalat 合作，为 2020 年世博会场馆提供 5G 网络保障。同时，日本宣布将在 2020 年东京奥运会期间提供 5G 通信服务。2015 年，我国 5G 试验网及应用试点将在浙江省启动。

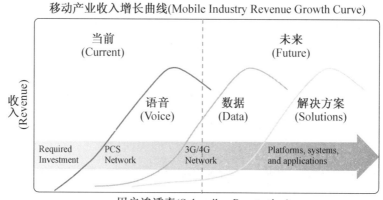

图 2-4　移动产业收入增长曲线[①]

因此，3G/4G 之后下一步的移动业务发展（例如 5G 业务），会采取将通信基础设施与各类新的业务平台、系统与应用集成在一起，为用户提供端到端的各种商业类和消费类的解决方案，满足物联网和下一代网络发展的需求。因而可以期待，在 2G 时代的语音业务收入增长、3G 和 4G 时代的数据业务收入增长之后，移动产业的收入将产生一波新的基于各类解决方案的增长。

---

①　资料来源：Chetan Sharma（2013），"Mobile 4th Wave：Evolution of the Next Trillion Dollars"。

第三节　网络终 "端" 产品的技术创新

一、 网络终端产品开发所需要的核心装置与关键技术

网络终端产品，大致可以分为四大类：一是具有联网功能的产品及工程终端，如装上传感器的鞋子、衣帽。耐克公司早在 2005 年就推出了带有传感器的运动鞋，随后与苹果公司合作推出了相关的 APP 应用。二是装上合理分布传感器的工程，如各类大桥、隧道工程等。三是具有自动控制功能的智能产品，如数控机床、简单动作的机器人、自动化的装备。四是具有自动识别、检测功能与控制功能的智能产品。最典型的产品是具有自动导航、自动飞行、自动起降（也称盲降）的无人机，还有无人驾驶汽车、自动采茶机、能精准自动识别并做手术的高端机器人、智能移动手机等。

当然，上述四类产品都应具备联网功能。不能联网的传统产品如机床，或具有自动智能但不能联网的产品，都不是网络终端产品。上述四类产品都可称之为智能产品，但第一类、第二类产品属初级智能的产品，第三类是中级智能的产品，第四类才是高级智能的产品。

搞清网络终端产品所需的核心装置，需要从解剖网络终端产品的结构入手。从上述第三类网络终端产品看，主要构成有四部分：产品内置的自动控制装置、数据采集传输装置、精准定位识别装置和机械或器物

装置。

全面搞清网络终端产品所需的关键技术，还应该对功能最多、最好、最复杂的典型性产品进行深入解剖。显然，最具典型意义的产品是上述第四类产品：智能手机、高端复杂功能的机器人及无人机或无人的智能自驾汽车。

从结构看，一部智能手机就相当于过去的一个计算机系统、一个单位的数据中心和桌面办公系统；从功能看，一部小小的智能手机，其存储功能、定位识别功能（文本识别、语音识别、视频识别）、数据信息的通信能力、管理调控能力甚至超过了过去的计算机系统或一个单位的信息管理系统。

从一个整体架构或一个运作体系看，无人机或无人的智能自驾汽车其实就是或者说相当于一个高端的多功能机器人。对于一台自动采茶的机器人与手术机器人来说，必须具备更精准的定位识别（鉴别）能力、更精准的自动调控能力与更高水平的大数据传输和在线实时利用数据的能力。可以说，这四大能力是高端多功能机器人、无人机、无人的智能自驾汽车的必备能力。在这里，有必要对高端机器人的精准定位、识别（鉴别）、作业能力作进一步的分析。

首先是精准的识别鉴别技术。当采茶机器人采茶时，必须对深绿色与淡绿色的茶叶予以识别或鉴别，才能准确地采摘精制茶所需要的茶叶，这是采茶机器人胜于割茶机的地方。精准地识别与鉴别该采与不该采的茶叶，不同于识别成熟与未成熟的西红柿，因为其色彩差别更小。精准地识别血管、神经、人体内部器官与病灶，这是手术机器人必备的能力。

其次是精准的定位能力。根据对需采茶叶的精准识别，采茶机器人还应对其采摘的茶叶进行精准的定位。根据对病灶的精准识别，手术机器人还应对要切除的病灶进行精准的定位。如果定位不准，就不可能进行精准的采摘或手术。

再次是精准的作业能力。即根据上述精准识别、定位，采茶机器人操控机械手进行采摘，手术机器人操控手术工具进行手术。

根据上述需求分析，网络终端及存储服务产品需要的关键技术有：一是低能耗的大容量存储技术、高性能计算技术；二是文本、音频、视频的大数据感知技术、检测技术、鉴别识别技术、定位技术以及联网实时传输技术；三是精准的自动定位、导航、运动、作业等调控技术；四是对同一产品不同技术的综合集成技术；五是对组成网络终端产品（如无人机、无人驾驶汽车、无人驾驶船舶、高端机器人）的内置核心器件、部件、模块件、组件、总成件进行一体化的集成创新设计、工程设计技术；六是云与网络终端（高端机器人）联合调控作业的文本、音频、视频等大数据进行识别鉴别、对比确认、调控运作的组合技术。

因此，上述网络终端内置的核心器件的快速开发，是网络化应用的关键。令人欣喜的是，近年来网络关键技术的创新取得了突破性的进展，从而打破了网络终端开发的"瓶颈"，促进了网络化的提速。

这一节拟重点介绍在网络终端产品中内置核心器件的技术创新的重大突破，以及这些创新对网络化提速的特别价值。同时，强调一下，要高度关注两类网络特殊终端产品，即移动智能终端与机器人的变革作用。

二、 在网络终端产品中内置核心器件的技术创新贡献

这是推动网络化提速的另一个关键。网络终端产品的开发，关键在于内置核心器件的开发；网络化的提速，关键是网络终端内置核心器件生产成本的下降、功能的快速提升和应用的广泛推开。

（一）内置核心器件技术集成创新的重大突破

产品的技术集成创新是传统的创新方式之一。比如每一个产品的生产，都是材料制造、产品设计、制造工艺与装配、质量检验等一系列技术的集成，缺一不可。但是，当进入大数据与网络时代之后，全球的数字网络提供了重组式创新的新平台。这个平台为技术重组（集成）提供了更多重组思想的交流、汇合、碰撞、触发感悟的机会，同时又为技术的集成创新提供了大数据的网络生态，对产品技术的集成创新产生了革命性的影响。它使新材料技术、生物技术、网络技术等任何一项新技术发明，都能迅速地、尽可能地被更多的原有 n 个技术所集成、所重组，产生"n＋1""n＋n"的革命性作用。

促进存储器、服务器与网络终端内置核心器件发展的，是集成电路与各类高端核心芯片的技术集成创新。正是电路板的新材料技术、电路的新的设计技术、电路板的低功耗、热量的传导与散发控制技术、集成电路的制造技术等被不断地集成，使集成电路的设计成本、生产成本与最终的芯片价格都一起快速下降，使得各类软件嵌入式芯片的广泛应用迅速得以实现。这是对各类技术集成性的重大突破。集成电路与软件的集成，将应用对象的智能算法与控制技术集成到芯片上，使高端芯片进入了"双核""四核""八核"以至"多核"并行的硬件开发阶段。因此，手机也从"一核一模"的非智能阶段，跨进了"双核多模"的智能阶段。

（二）内置核心器件的制造提速

高端软件嵌入式芯片与各种技术的突破性集成，进一步推动着微处理器、多功能传感器、高端控制器等在网络终端产品中内置核心器件的加快发展。

1. 高性能、低功耗处理器的开发应用走上了快车道。

尤其是 ARM 架构的处理器，采用 ARMv8 架构的 64 位处理器，使用 40nm 工艺制造，每个模块有 8400 万个晶体管，面积为 $14.8mm^2$，0.9V 电压下即可实现 3GHZ 的高频率，而平均功耗只有 4.5W；下一代处理器将采用 28nm 工艺制造，平均功耗还会进一步降低。同时，应用芯片在四核之后，已开始步入八核阶段，开辟了多核复用、多核集成使用的新阶段。高性能、低功耗多核处理器的发展，为各类机械装备类网络终端产品与物体终端的智能化、网络化奠定了基础。

2. 传感器走上了高端发展的阶段。

例如，利用 MCM（Multichip Module，多芯片模块技术。将多个 LSI/VLSI/ASIC 裸芯片和其他元器件组装在同一块多层互连基板上，进行封装，从而形成高密度和高可靠性的微电子组件）、flip - chip（覆晶封装，或倒装芯片技术）等技术，可以把异质敏感器件在同一衬底上构成传感器件陈列；利用 MEMS（Micro - Electro - Mechanical System，微机电系统，或微电子机械系统）微加工技术，可以将微米级的敏感组件、信号处理器、数据处理装置集成在同一封装模块或同一芯片内。传感器的集成化，尤其是把 n 种不同的敏感元器件制作在同一硅片上（基件上），制成多功能的传感器，使多功能传感器具有温度、湿度、流量、重量等计量功能；集成使用红外传感器与距离传感器，使用者只需眨一眨眼睛就可以实现拍照，使传感器具有色彩、图像等活动的识别功能；蓝光传感器等还具备在线实时检测的功能。智能实时计算、识别、数据传输能力的大幅度提高，大大开拓了广泛使用传感器的空间，越来越多的传感器正快速地被使用到各类智能化的物体终端，包括智能化的机器、机器人、汽车、可穿戴的医疗设备、飞机、船舶等装备类的产品，以及智能交通、智能安居、智能工厂等物联网领域。

据全球知名调研机构 IHS 的研究报告，汽车泊车辅助摄像头与车道偏离警告摄像头等传感器 2015 年将达 1800 万个，分别是 2010 年的 20 倍、2011 年的约 11 倍。据美国 Juniper 公司预测，2017 年可穿戴设备的出货量将从 2013 年的约 1500 万部增加到 7000 万部。美国佐治亚理工学院研发的微型传感器，只有 1.4 毫米大小，功率只有 20 毫瓦，可以在血管中游走并进行 3D 成像，可用于心血管病的监测与治疗。

3. 高端控制器的发展进入了新阶段。

高端芯片与一系列创新技术的集成、微处理器芯片的应用，又促进了高端控制器的发展。安装了微处理器的智能阀门不但有实时流量的计量功能、流量的各种数据传输功能，还有对阀门开关的自动控制功能：当流量超过额定流量的上限时，阀门会自动关闭，切断后道环节的流量供应，防止后道环节因油气泄漏而引发次生灾害，使城市的天然气网具备了智能化改造的基础。

（三）内置核心器件发展对网络化提速的贡献

由于高端芯片的发展，每个内置的高端处理器或控制器就相当于一台微型的计算机。并行多模硬件高性能的计算，使得内置的处理器、控制器具备了超能、微型、廉价、计算处理能力指数性快速增长的优势，从而使各类网络终端具备更大的能量、更好的功能、更多的使用、更优的性价比，从而加快了存储器、服务器与各类网络终端产品的开发，并对云、管、端中的"云"与"端"都产生了革命性的影响，直接推动了网络化的提速。

1982 年以来，CPU（计算机中央处理单元）性能提高了 1 万倍，内存价格下降到 4.5 万分之一，硬盘价格下降到 360 万分之一，芯片面积每年增加 7%，10 年增加 2 倍，而集成电路每 18—24 个月密度/速度加倍。

产品技术的集成创新，高端芯片、高级微处理器、多功能传感器、高端控制器的产生，推动了网络终端新产品与新技术服务的大发展，开辟了万物皆联的应用新格局。

网络终端新产品是升级版的产品。下列三类新的网络终端产品，具有巨大的市场空间。

1. 智能网络互联型机器。

嵌入式高级微处理器芯片与通信模块（通信器），体积足够小、成本足够低的传感器、控制器，可以使各类机械装备变成机械与电子一体化的装备和智能型的联网装备。智能网络机器与智能机器的区别，就在于是否可以联网。因此，我们要注意联网智能产品（装备）与不联网智能装备产品的区别。

2. 智能机器人。

原来制约机器人发展与使用的，主要是高水平的控制器、减速器、驱动器与多功能的传感器。随着技术的快速发展，高水平的控制器与通信模块、多功能的传感器等技术，使机器人从一般的机械装置变成了具备不同智能等级的、可联网使用的物体终端，成了配合物联网快速普及使用的推动力量。

3. 各类文本、音频、视频数据采集、感知、检测、鉴别（识别）、定位、实传、显示等专用器件、装备与产品。

具体有多功能传感器、数字化检测仪器、精准定位仪、数据传输装置、高清显示屏及指示牌等，其中有的作为内置器件装进了网络终端，有的则作为独立的网络终端新产品单独在线使用。

在网络终端产品的组合性开发中，切不可忘记技术集成创新的功劳。技术集成创新的巧妙运用，加快了网络终端新产品的开发和升级。

人们常说，我们正处于新科技革命的时代，其实新科技革命就是技术集成创新的革命。

对新科技革命贡献巨大的是技术集成创新。集成创新又称重组创新，是指把已有的技术进行另外的重组，或者把已有技术与新的技术进行组合的一种技术创新。正是这样一种技术创新，在大数据与网络化的背景下，主推了新技术创新的革命。

已有技术重组的集成创新，远非 $1+1>2$ 那样简单，而是 $1+n$ 的超级突破。1993 年诺贝尔化学奖获得者凯利·穆利斯（Kary Mullis），在发表发现聚合酶链式反应（Polymerase Chain Reaction，缩写为 PCR）的获奖感言时说："我并没有独自默默无闻地去思考和研究这个课题，我所做的每一步，都已经有人做过了。"穆利斯所做的工作，就是把其他人在生物化学领域创新的技术进行了"重组"，然后形成了具有新的突破意义的新技术，就是现在人们普遍应用的扩增 DNA 技术。无独有偶，众所周知，乔布斯的智能手机也是这种集成创新的精美成果。

在已有技术集成的基础上，再加上一个新的技术集成，形成的是 $n+1$ 的技术革命；n 个已有技术加 n 个新技术的集成，产生的是 $n+n$ 的爆炸性的技术革命。

把若干个生产材料的技术、开发嵌入式软件的技术、生产实时大数据检测器件的技术乃至无人机、机器人的创新设计技术等巧妙集成起来，高性能超常功能的网络终端产品就一定会被源源不断地开发出来。

第四节　云、管、端全面进步的作用

前面分别介绍了"云"的技术进步、"管"的技术进步与"端"的技术进步，分析了这些技术进步对云、管、端等加快发展的意义，从而阐明了网络化提速的条件。

从宏观角度看，云、管、端的技术进步，还有以下历史性的重大作用。

一、使互联网、物联网开始走向广泛应用

从具体应用的角度看，云、管、端的技术创新，产生了两大积极作用：一是找到了有效解决制约云、管、端发展的方法，为突破影响云、管、端作用发挥的"瓶颈"提供了可能；二是较大幅度地降低了网络应用的高技术成本，为网络化的提速创造了条件，为网络的广泛应用提供了支持。

从"云"的角度看，互联网尤其是物联网使用的云开发的通道已经打开，如阿里巴巴就研发了互联网"飞天"云计算软件，可调控分布式服务器达到 5000 台以上；华三通信公司开发了存储器与服务器一体机，并具有私有云的普通计算能力。从"管"的角度看，以"灵动应用"方式部署 4G 无线工业企业厂域网，比工业以太网更具优越性，且更安全可靠，投资的成本也不高。据了解，一个拥有 32 个班级的中学，新建有

线光纤校园网只需要 50 万—60 万元。一个中型企业的厂域网的投资，大致也差不多。从"端"的角度看，一台工业机器人只需 5 万元人民币，只相当于一个普通工人一年的工资，其性价比不言而喻。

二、 使信息化开始走向 "网络应用带动技术创新" 的新阶段

过去，制约网络应用的主要是技术。现在，影响网络一般应用的技术已基本研发（当然更高水平的技术仍要重视研究），信息化开始走向"应用带动创新"的阶段。

现在，由于网络技术的进步以及这种进步带来的网络技术产品价格的大幅度下降，网络技术主导并制约网络应用的状况得以改变，网络应用走向大众化。包括企业在内的众多主体在网络应用中不断积累着新优势，反过来又加大了对网络技术产品的购置投入，进而又刺激并促进了网络技术的研发投入，形成了"网络应用带动技术创新"的新格局。"网络广泛应用→在应用中提出技术创新的新命题→加大定向有效研发投入→网络化提速"，这样的产、学、研、用合作的良性循环链已经形成了。

当然，网络应用带动的是全面的创新，包括技术创新、应用模式创新、商务模式创新以及组织与管理创新。围绕应用开展技术创新，可以破除应用的技术障碍。应用模式创新，可以使网络应用个性化，更适用于每个企业、每个单位。商务模式创新，有利于网络应用的推广，帮助技术与人才不足的单位也早日用上网络，尤其是用上智能耕作、智能制造、在线服务等先进的生产与服务方式。网络是"平的"，网络应用还会带动并促进单位组织结构的扁平化，并促进单位之间的协同与合作，推动管理方式与管理制度创新。

三、推动了大数据利用与管理方式、治理方式的变革

云、管、端三者的技术进步，使大数据进入了实际应用与利用的阶段。它不仅使文字大数据得到了利用，而且使音频大数据、视频大数据也一起进入了适合各种特定要求的精细管理、广泛协同、实时检测监测、精准识别定位、远程实时调控的利用阶段。同时，大数据的各种运用改变了过去单一的数量型管理的历史，使管理进入了大数据精准管理、文字音频视频联动管理、在线实时管理、跨界跨行业跨区域协同管理的新阶段，促进了管理方式的变革，还推动了治理方式的在线互动、大众参与、民主共治等模式的变革与创新。

第三章

大众化创新与创业的源泉

经济发展进入新常态，"大众创业、万众创新"春潮涌动。"让一切劳动、知识、技术、管理和资本的活力竞相迸发，让一切创造社会财富的源泉充分涌流"的活动，正在启动。

　　这一切，都是因为有了网络，有了云计算、大数据、物联网、移动互联网。基于网络，创新要素在更大的范围、更广阔的空间、更长的时间持续自由流动，不断裂变、组合，形成更强大的生产力。

第一节　新增加的技术创新方式

技术是人类生存与发展的方式，也是人类观察、认知、利用、开发、保护、修复自然的工具、方法与过程。

技术创新来源于人们对自然现象与实验的观察和总结，是人类观察、认知、发现并利用自然的结晶。

技术创新的方式不同于技术创新。技术创新的方式是实现技术创新的方法，是使技术创新更顺利得以实现的途径、依托与方法。

一、原有技术创新的方式

（一）眼睛观察的方式，包括利用望远镜或显微镜观察的方式

这可以说是"看出来的技术发明方式"，通过真实的、可重复的观察结果，来证明事物间的相互关系与作用规律。比如人类的祖先通过观察石块滚动砸伤砸死动物，发现了石块可以作为工具来使用，从而学会了制作石刀、石槌、石斧、石锄等，提高了古人类狩猎和原始农耕的效率，使人类进入了新石器时代。同理，人类通过观察石块与木块摩擦冒出的火星，发明了取火的技术，从而开启了人类的文明发展史。

（二）通过反复验证与证明证实的方式

这可以说是"证明出来的技术发明方式"，即实证科学，包括实验室实验的证明方式与社会实践的证明方式。随着人类的发展与知识的积累，

人们的思维能力得到了提升，从而产生了通过逻辑推导技术发明的"想象"与"构想"，而证实"想象"与"构想"的方法就是实验或实践的反复验证。凡是能通过验证的，就转换成了"科学发现"或"技术发明"。比如人类从陶器的制造技术，推演出铁器的铸造技术，还有发电技术的发明等，都是通过人们的实验或生产实践反复证实得来的。

（三）通过实验与数学分析相结合的方法来实现技术发明

这可以说是"看＋想（分析）＋模仿证明"的技术发明方式。随着先进的观察与分析仪器的问世，人们对自然事物的观察越来越深入、越来越细致，发现其中深层的关联关系越来越复杂，要求分析的水平也越来越提高，从而产生了先进观测与分析的技术手段，以及严谨的理论与数学工具相结合的研究方法。这就是基于实验观察、数学分析、严谨求证的，理论与实验相结合的科学研究方法。伽利略就是这套科学研究方法的开创者之一，他开创了近现代科学发现的研究方法与技术发明方法。通过这套模仿并研究自然物体的方法，人类产生了一系列的发明成果。比如人们通过对鸟类飞翔的模仿及无数次的研究，发明了各种各样的飞行器；通过对响尾蛇探物的模仿及无数次的重复实验、分析，发明了红外探测器；通过对蝙蝠辨识障碍物的无数次模仿与综合研究，发明了雷达。

（四）日益重要的系统化科技创新方式

长期以来，人类的创新活动是个人灵感驱动型的。但苏联通过详细分析当时世界的发明专利，发现超过 95％的发明是可以根据一定的规律推论出来的，由此总结出了以 TRIZ（俄语缩写"ТРИЗ"，英语标音为"TRIZ"，意为"发明问题解决理论"，英译为"Theory of Inventive Problem‐Solving"，英文缩写为"TIPS"，中文有"萃智"的译法）为代表的系统化创造性地发现问题和解决问题的创新理论。其基本点是，分析工程矛盾和物理矛盾，挖掘全人类的知识库，以 TRIZ 方法、工具为指导提高创新效率，全力实现理想解而不是妥协解。在创新效率对竞争力日益重要的今天，美国、俄罗斯、欧洲、日本、韩国的先进企业对 TRIZ 方法等高度重视。美国 GE、韩国三星公司等将 TRIZ 与其他现代化工程方法结合，系统化、集成化地推进科技创新。这种方式可以大规模地提升研发团队的总体创新水平。

二、 新增加的技术创新方式

网络化诞生之后，新增了一种技术创新方式，这就是依据"大数据记录并计算出来"的技术发明方式。首先，物联网传感器越来越广泛的应用，使人们观察自然多了一种方法，即网络记录大数据的方法。灵敏的传感器，可以日夜不停地观察并记录自然与人类社会的各种变化与活动，并且以数据化的、更精准的、连续不断的方式客观地反映自然界各种物体之间的互动、自然界与人类社会之间的关联活动。其次，网络的"云"从不间断地存储着网络产生的各种各样的数据，管理着这些数据，不断积累着并反复观察分析着这些数据，分析着这些数据之间的相互变化与相互关联关系，为新的发现、发明奠定客观真实的、重复确凿的数据基础。再次，云计算巨大的计算能力与从不间断的数据分析处理，促进了对新的数据关联关系的发现与实证，对世界上事与事、事与物、物与物之间必然性的关联关系等规律的新发现，以及"大数据记录并计算出来的技术发明方式"的诞生。

三、 新的技术创新方式的价值

"大数据记录并计算出来"的技术创新方式，是一场影响历史进程的大突破与大变革。这场大变革的意义现在很难估量，可以看到的有以下两点：一是它推动了技术创新的大众化。"大数据记录并计算出来"的技术创新方式，使技术发明创新的难度降低、成本下降，扫除了技术创新的"知识鸿沟"，使技术创新变得相对简单，使大众参与相对容易。因此，今后的时代是大众创新与科技精英共同推动技术创新的时代。二是工作与技术创新可结合在一起进行。农业耕作云、工业制造云、商务服务云等可在为其专门业务工作的同时，发现新信息、新知识、新技术，并对这些新发现进行零成本的验证与证明；对经反复验证与证明了的，可确认为新的技术发明。这引起了所谓的创新与创业的一体化。

"大数据记录并计算出来"的技术创新方式，导致了更多的规律被发现、新的技术被发明、新的成果被利用。如美国大数据公司 Solum 利用其开发的软/硬件系统，实现高效、精准的土壤抽样分析。用户既可以通过公司开发的 No–Wait Nitrate 系统在田间地头进行分析，及时获取数据，也可以把土壤样本寄给该公司的实验室，让他们帮助进行分析。这些分析结果能帮助种植者在正确的时间、正确的地点进行精准施肥，帮助农民提高产量、降低成本。①

十多年前，浙江大学的国家二级新药"脑心通"的发明，亦相当程度上得益于数字化的技术创新方式。他们在实验中将治疗"中风"的中

---

① 参见吕廷杰、李易、周军编著：《移动的力量》，电子工业出版社 2014 年版，第214 页。

药配方中的 40 多种成分分别进行萃取，然后将这 40 多种成分分别在动物身上进行对比试验，并运用计算机对动物的作用效果进行实时监测与记录，获得了不同药物成分作用效果的对比数据，最终发现只有四种成分对"中风"有作用，由此发明了"脑心通"。

大数据记录与云计算相结合的技术创新方式具有巨大的优越性，与原有的技术创新方式相比，其优势是不言而喻的：

1. 越来越多的计算机装置与传感器使人们对事物由整体观察转变为进一步细分的数据观察，从而使观察变得更细致、更连贯、更深入、更精准了。比如，原来对人体血管的检查靠的是大型外置式机器，现在却可以把微型传感器植入人体内的血管，直接把血管内的血流量数据、不同时段的血管直径变化的数据，乃至图像数据直接传到计算机上进行计算分析，其精准水平与传统检查手段相比，当然是不可同日而语的。

2. 越来越多的智能终端、传感器记录着事物发展变化的数据，把人们对事物的观察记载变成了客观的记录，挤掉了人们观察事物时所持立场或偏好的"水分"，因而更客观。

3. 越来越多的智能终端和传感器传输记录的事物变化的数据是立体的、多角度的、不间断的，比传统方式的观察更全面、更细微。

4. 可以把事物的历史性数据一并纳入分析（如同 Solum 公司对美国农作物增产规律的发现一样），其追溯事物发展变化的历史将更悠久，证明、证实事物相互间影响变化的次数会更多。"客观真实的、可重复证明并客观描述演示的原则"，是判断科学发展、技术发明真伪的根本的、必备的条件；被客观真实地重复证明并描述演示的次数越多，科学发现、技术发明的可靠性、可信度就越高。

5. 这是一种成本越来越低的创新方式。由于摩尔定律导致的计算机装置、传感器价格大幅度下降，数字化、网络化使几乎所有领域都可以获得海量数据，并且可以对这些数据进行免费使用、重复使用。

6. 这种新的创新方式，是一种纯粹的数字、数据之间的组合式的创新。每一事物变化产生的数据都会成为未来创新的一块"积木"，因而学界有人把这种创新称为"积木式创新"或"全球积木式的创新"。与"果实类创新"不同的是，"积木式创新"并不会把"积木"吃掉或用尽，而是增加了未来"重组式创新"的机会。① 为了简便起见，学界又把大数据与云计算相结合的技术创新方式，简称为"数字化创新"或"数据化创新"。数字化创新，使人们对客观世界、人类社会中的事物发展规律的发现与技术发明的能力得到了提升，产生了加快人类社会发展步伐的巨大效能。

第二节　技术创新的大众化

一、技术协同创新的内在要求

科技与社会越发展，技术创新的方式变化也越多，更大的宏观或微观尺度的制造与智能控制的需求进一步凸现，技术创新的协同进化趋势

---

① 参见［美］埃里克·布莱恩约弗森、安德鲁·麦卡菲著，蒋永军译：《第二次机器革命》，中信出版社 2014 年版，第 92—93 页。

也越来越明显。

首先，一些技术的进化有赖于另一些相关技术的进步。例如，通信技术的发展有赖于新材料的开发、先进制造与计算机技术的进步。

其次，相关的技术在进化过程中相互影响、相互作用、协同发展。例如，车辆驾驶与道路管理技术、空天飞行器与导航技术、计算机与微电子芯片等。

最后，技术发展与社会进步之间的相互依存和互相促进。技术发展推动了经济增长与社会进步；经济力量的增强和文明程度的提高反过来又对技术进化提出了新的需求，促使社会具有更强大的能力增加科技创新投入与教育投入，从物质条件和人才基础等多个方面支持技术的发展，为技术进化注入新的活力和动力。在知识经济时代，技术的发展更有赖于科学、教育和文化的发展，并与一个国家、地区的政治与经济体制密切相关。[1]

技术将呈现出群体突破、协同进化的趋势。起核心作用的已不只是一两门技术，信息技术（IT）、生物技术（BT）、智能技术（ST）、纳米技术（NT）、新材料与先进制造技术、空天技术、海洋技术、新能源与环保技术将构成未来优先发展的高技术群落，技术将进入群体突破、协同进化的时代，学科之间的相互融合、作用和转化将更加迅速，形成更多的交叉、综合、协调的科学技术体系。[2]

---

[1] 参见路甬祥：《创新的启示》，中国科学技术出版社 2013 年版，第 59 页。

[2] 同上，第 65 页。

二、 网络平台为跨学科、 跨界协同创新提供了舞台

成就事业需要舞台，大协同创新需要大的平台。过去，由于平台的制约，技术创新一般处于"小协同"阶段，横跨三五个甚至更多学科的"中协同""大协同"创新成为遥不可及的梦想。互联网的发展，使得"大协同创新"的梦想终于成真。从本质上讲，网络的空间可以是无限大的，因此网络的平台便是无边界的。无边界的网络大平台，成就多学科大协同创新的大梦想，成为新科技革命的"新产房"。

无边界的网络大平台已经成功地为各种类型的大协同创新提供了保障。一是支持了跨时空的大协同创新。例如，空客飞机的网上国际化的设计协同，可以把世界各地的部件、配件、模块系统集成商的设计力量集中到同一个网络上，开展新机型的同步设计。二是跨越自然科学技术与业务管理技术"鸿沟"的大协同创新。例如，工业 4.0、智能工厂、各类工程物联网，将各种产品设计技术、材料分解加工与合成技术、质量实时检测技术、智能计量与控制技术、管理技术及制度等大跨度地集成、协同为一体，改变了工业的制造方式、运作方式和商业模式。三是支撑了跨多学科的、跨国的大协同的创新合作。例如，人体基因测序集中了生物学、计算机工程科学、生物基因组学等多学科的优秀科学家与中国、欧盟、美国等各国的精英，利用数据库与网络技术，终于完成了一项人类自我发现的浩大工程，成为造福子孙后代的奠基工程。这在数字计算技术及网络化平台出现之前是不可想象的。四是支撑了跨行业、跨界的技术集成、管理集成的大协同集成创新。如互联网与金融两个行业之间的技术与管理的集成，以及新的商业模式的产生，诞生了互联网金融的新业态。

三、 网络协同创新造就了大众化的创新

在同一网络平台上开展协同创新，带来了双重的效果：一是可以通过广泛的众筹与合作，攻克难度大、技术构成复杂、靠少数人难以完成的技术协同与集成的创新，即诞生了"众筹"与"众创"的模式；二是让技术创新活动像复杂的市场那样得到进一步的细分，降低了创新的难度，诞生了"微创新"的模式。总之，新的技术创新的方式与依托网络平台的协同创新，使技术创新走向了社会化与大众化。

数字化的网络平台与环境就是一个大规模的集成创新、大众创新的实验室（场）。开源软件运动的旗手埃里克·雷蒙德（Eric Raymond）有一个乐观的评论："若有足够的眼球，所有的软件漏洞都会变得浅陋无比。"引申到创新领域，完全可以这样说："若有足够的眼球，多么强大的创新组合也能被发明。[①]"

太阳粒子活动（Solar Particle Events，简称 SPEs），给在太空中毫无防护的飞行器和航空员带来伤害性的辐射。为了通过预测避开这个辐射，美国航空航天局进行了 30 多年的研究，始终没有取得突破。最后，美国航空航天局把征求解决上述问题办法的公告发布到了麻省理工学院的一家开放式创新研究公司创办的"创新中心网站"（Innocentive，一家为公开征集破解科学难题的在线网站）上，结果一位居住在新罕布什尔州一个小镇上的退休无线电频率工程师布鲁斯·克拉金（Bruce Cragin）解决了该问题。许多大科学家没能解决的技术难题，竟被一个退休的普

---

① 参见［美］埃里克·布莱恩约弗森、安德鲁·麦卡菲著，蒋永军译：《第二次机器革命》，中信出版社 2014 年版，第 95 页。

通工程师用一般的技术解决了，这充分说明了依托于网络来组织大众创新的巨大魅力。克拉金虽然没有太阳物理学的专业知识，但长期的职业需要却使他对磁重联理论有深刻、透彻的感悟，而磁重联理论恰恰为太阳粒子活动提供了相对精确的预测方法。根据克拉金的研究，美国航空航天局对太阳粒子活动的预测精准率在提高 85％ 的情况下提前了 8 个小时，在精准率提高 75％ 的情况下提前了 24 个小时，因此，有效地解决了飞行器与航空员避开辐射的难题。

借鉴美国航空航天局等的思路与成功做法，一种基于网络技术创新的新的组织集成创新的方法被广泛地论证并推广开来。这种从未有过的创新组织方式产生了。通过网络来组织的技术创新，日益显示出其强大的优越性。

（一）网络使技术创新的主体更为大众化

科技创新不再是科学家与精英的专利。当然，科学的重大发现、新技术的发明，科学家与技术精英的作用仍然不可低估，但是对解决技术难题的希望不能只局限在他们身上。美国航空航天局预测太阳粒子活动难题被破解的实例说明，通过破解技术难题的网络公告，科学家没有解决的问题，退休工程师兴许就能够解决。基于网络的大众化的技术创新，为破解技术难题提供了"足够多的眼球"，可以从多角度、多侧面观察并研究破解技术难题之法。戏法人人会变，但奥妙各有不同。鱼有鱼路，蛇有蛇道，各自都有破解"拦路虎"的"绝招"。有的技术难题有待科学家新的发现才能破解，但大量的技术难题，只要在网络上交给网民，大多数都能找到破解之法。这种利用全球智力的方式是 TRIZ 的原则之一，但网络时代使其广泛可用性得到了充分发挥。

网络推动的技术创新的扁平化，使大众创新成了可能。人们终于可以理解，美国的一个初中生，为何在家庭车库里能够建成"核能反应堆"。大众化的技术创新，使得网上一代的年轻网民可以凭借一台电脑、一部智能手机，利用课余或下班途中的碎片时间，利用一张小桌子等简易的条件，开展自己感兴趣的技术难题的研究攻关。网络还使不同研究攻关者在思路上、攻关方法上互相借鉴，从而使攻关的难度下降。

网络推动技术创新的大众化，使许多国家与大学乃至企业公司采用了"建设破解技术难题专业网站、寻求加快技术创新"之策。美国已有数十家技术创新网站或网络初创公司，不同程度地获得了成功。浙江省科技厅于2002年建设的浙江网上技术市场，被命名为"51js"公司（谐音是"我要技术"），其实质也是这样一种网站。这个网站每年让企业发布成千上万个技术难题公告，并承诺给予破解技术难题者以报酬，让能够破解技术难题的单位与个人来"接活"，也取得了不少成绩。但由于缺乏相应的理解重视、激励机制及成功案例的故事传播，其作用还远远没有得到充分发挥。现在看来，这件事值得下决心、花工夫继续做下去。

（二）大众化的网络创新导致了破解技术难题的路径与方法的多样化与巧妙化

俗话说"一把钥匙开一把锁"，只要找对了钥匙就没有打不开的锁。如何找对破除技术难题的"钥匙"？大家一起努力，肯定比少数人更容易成功。何况，有的锁并不只限于通过钥匙来开，打开的方法还有很多种。就像数学里的方程式，往往有多种解法，而且每种解法都有让人惊叹其巧妙的智慧。正如布莱恩约弗森与麦卡菲著的《第二次机器革命》中引用的杰普森与拉哈尼提供的故事那样，为了找到食用级高分子聚合物配注的系统解决方案，业主在网上广泛征集，结果是航空物理学家、小型农场企业主、医生、工业科学家都提供了各自不同的，却都是管用的解决方案。另一个案例是，一个实验室在研究项目中发现一种独特病理现象，无法通过毒理学的研究予以解释并找到解决方法。后来，这一病理问题却让一位研究蛋白质结晶学的博士，使用最普通的一种方法解决了。

（三）大众化的网络技术创新推动了新技术创新平均成本的下降

据不完全统计，网上一代的年轻人，思维活跃、兴趣广泛、价值追求多样。他们参与的网上技术创新，目前有 60% 左右的人是"兴趣创新"。"兴趣创新"的特点，目的是为了满足自己的好奇或兴趣，而不是为了金钱的回报。因此，完成自己的技术创新后，他们往往把创新的成果在网上公开，无偿地提供各类网民共享。这种无偿地共享技术创新的做法，拉低了技术再次创新的平均成本，使技术创新活动进一步活跃。这种相当数量的无偿供应技术成果的利用方式，导致了一些网络软件、软件工具与内容服务等免费服务方式的产生，为大众进一步的技术创新创造了条件。

（四）网上"兴趣创新"与大众创新加快了技术创新的进程

一个明显的变化是，中国专利部门受理专利的申请量与授权量逐年增加。1990 年，申请量、授权量分别只有 36585 件和 19304 件；2000 年时，达到 140339 件和 95236 件；2010 年时，达到 1109428 件和 740620件；2011 年至今，申请量、授权量的年均增速分别达到 24.19% 和18.85%。2001 年，浙江省一个省的年授权专利只有 8312 件；到了 2013年，超过年 1 万件授权专利的县（市、区）就有鄞州、慈溪、余姚三个，况且有许多年轻人在网上的技术创新并没有去申报专利。这种技术创新成果的几何级、爆发式的增长，充实了新科技革命的实际内涵。

可以预见，随着网上大众创新的日益发展，"让一切劳动、知识、技术、管理和资本的活力竞相迸发，让一切创造社会财富的源泉充分涌流"

的一天终将到来。

过去，人们对"新科技革命"的理解是抽象的、朦胧的、不具体的。当我们对技术创新的新方式进行了系统研究之后，我们对新科技革命有了进一步的、更清晰的理解：正是数字化的技术创新和网络平台的大协同的技术创新和网上大众化的技术创新，让新技术出现了爆发式增长，从而引发了新科技革命，进而推动了人类社会的大变革；同时，也正是大数据与云计算相结合的技术创新方式，突破了大众参与技术创新和应用网络新技术的障碍，为网络的大众化应用奠定了基础。

四、积极发展并推广"云平台的技术创新"模式

网络平台，也可称大数据云平台，将成为有效的技术创新的载体。云平台的技术创新，将成为成功组织技术创新的有效模式。一是可以成功地整合各种创新的资源，包括技术创新的大数据、创新资源、创新团队、创新力量。将这些创新资源整合到"一个平台的体系之内"，可以"一网打尽"创新资源。我国的技术创新，既有资源不足问题，也有资源利用不充分的问题。有了"云平台的技术创新模式"，这个问题就可以得到解决。二是可以充分地推动技术创新主体之间的高效合作。我们一直希望实现"产学研用"合作，但并不理想，其原因是既缺少有效组织其合作的载体，又缺乏促进合作的机制。"云平台的技术创新模式"为"产学研用"提供了自由选择合作者的合作平台与载体，而且由于"云平台"属于第三方，容易当好"中间人"，可以推动"产学研用"各方在互惠互利、各方共赢的市场化机制基础上达成合作。在线互动与要素的动态匹配是网络的特色优势。"云平台技术创新模式"使企业的、高校的、科研单位的、技术中介服务的创新资源与科技团队在在线互动中"活"了起

来，找到了能自主选择课题、自由选择合作伙伴，以及让创新要素优化合作、优化配置的实现路径。"云平台的技术创新模式"成了"产学研用"的"自组织"的有效实现方式。三是云平台可以企业化运作。政府可以在提供政策支持、定向赋予公共技术推广的服务外包、创造发展环境的基础上，支持"云平台"公司化、企业化运作，充分发挥其在"云平台技术创新模式"中的主导、促进与服务作用，并提高其服务于创新的效率与活力。四是"云平台技术创新模式"可以与区域的支柱产业、主导产业相结合，走专业化技术创新的发展之路。比如，可以设立云平台的"机器人技术创新中心"，设立"现代农业装备云平台技术创新中心"等。

云平台技术创新模式，将有效激活、整合、优化各类产业技术创新联盟，使各种创新资源、要素在在线互动中被有效地激活。美国已经产生了若干家"云平台技术创新中心"，我们可以借鉴并结合实际引进其模式。

第三节 大众化创业的必然

创业是很多人追求的梦想。中国历史上创业者比较少，而现在却越来越普遍，越来越大众化，形成了鲜明的对比，这是为什么呢？

时代造就英雄。大众化创业的形成，是时代使然，大体有以下几方面的原因。

一、 创新与创业的一体化

创新为了创业，创业依托创新。创新越来越成为人们有目的的行为，创新与创业一体化的趋势越来越明显。以色列创新研究院常务理事、系统性创新思维方法论的创始人、以色列系统创新思维公司全球总裁阿姆恩·勒瓦夫（Ammon Levav）关于创新的定义有三个主要元素："它是新的，且必须是有价值的，还要是可行的。"显然，勒瓦夫先生的定义是从创业的角度来定义创新的。

从创新与创业的一体化角度看，大众化的技术创新，是形成大众化创业的必然。

习近平总书记要求，要大力推动以科技创新为核心的全面创新。这深刻揭示了技术创新与科技型创业的关系，阐述了新一轮创业的特点。以科技创新为核心，进而推动产品与服务创新、企业组织创新及商务模式的创新，是这一轮新型创业的基本特点。技术创新的目标，是实现新技术产品与新技术服务的开发。新技术产品与新技术服务开发的目的，是为了实现成功创业。这一内在行动逻辑，已被众多网络居民、科技人员、大学生、企业高管、归国留学创业人员所普遍接受，并被遵奉为标准的创新创业模式。

当然，在具体创业实践中，有许多创业者往往先对自己掌握的技术成果进行市场预测并展望，找到志同道合者后再组建公司，然后研发突破新技术，再通过"n＋1"的技术集成，开发出新技术产品或新技术服务，继而研究商务模式创新以开发市场。他们不完全一定刻板地按照一种程序来创业，但以技术创新为核心，再进行产品、服务与商务模式创新等这些内容的创业，却都是相同的，并且技术创新与科技型创业是全链条统一设计、紧密连接的。我们要正确理解"大众创业、万众创新"，这就是对技术创新与科技型创业无缝对接活动的全面描述。

近年出现的"微创新"，就很能说明问题。乔布斯认为，微小的创新能改变世界；奇虎360总裁周鸿祎认为，只要产品能打动客户心里最甜的那个点，只要把这一个点的问题解决好，就可以实现成功创业。这个单点突破就叫微创新。① 邵学清先生给"微创新"下的定义是，"微创新是依托开放的平台和环境，面向市场需求、专注客户体验，以个体或组织的自发创新为主导，以技术、产品、服务、商业模式等方面的局部持续改进为手段，不断赢得市场认可的渐进式创新方式"。邵学清先生还认为，与传统的创新相比，微创新有五个新特点：一是创新主体"名望微"，大多数属"草根阶层"。二是投入微。微创新都是对现有技术的改进或集成，投入较少，甚至零成本。三是以市场需求为牵引，或者说以满足客户新体验为导向。四是基于网络开放平台，与消费者进行互动式的创新。说到底，是听取消费者意见而进行互动改进型的创新。五是以单点突破并渐进积累。因此，这种主体微、投入少、创新微、收效大的微创新，成为科技型小微企业不断涌现的新源泉。这描述了"大众创业、万众创新"的深刻内涵。

笔者认为，微创新最重要的，是要打动客户心里最甜的那个点，要为那个点提供切实的、精准的美好体验。2014年11月19—21日，在浙江桐乡乌镇召开的首届世界互联网大会上，阿里巴巴董事局主席马云先生认为，大数据时代更需要注重用户体验。他进一步解释说，"客户要的不只是服务，而是体验"，体验是由人的情商提供的让大家舒服、让客户

---

① 参见邵学清：《推动微创新，政府应作为》，载《学习时报》2015年2月2日。

舒服、让合作伙伴舒服的感受。

这里讲的微创新，其实还可以作这样的理解：这是以高情商、高智商的草根阶层为主体，以开放、互动的网络为平台，以满足客户不曾有过的体验为目标，以精准的投入为途径，通过一个微小的技术创新并与"n"个已有技术相集成，继而对原有的产品、技术、服务、商业模式予以改进，让客户得到更好的满足或更精美地体验微型的、渐进积累型的创新与创业活动。

小米公司就是利用互联网不断进行微创新的成功典型。它的手机等产品都采用互联网模式来设计开发，利用互联网来销售，根据与客户的互动不断进行微完善。创始人雷军及其团队同时涉足硬件、操作系统、互联网应用，将小米手机的整体体验做到了最优。小米配置了MIUI系统，是我国首个采用互联网开发模式开发的手机操作系统，能够兼容所有安卓系统的应用、游戏。小米在全球拥有超过150万名发烧友，他们通过MIUI论坛，进行系统测试，提出改进建议。通过该论坛，小米定期发布开发版和稳定版的MIUI系统，实现了每周升级。目前，小米手机已成为国内出货量最大的安卓系统手机。

创客运动推动了制造的草根化。随着3D打印、激光切割等新技术的普及，越来越多的年轻人摆脱了资金、设备、场地等的限制，按照自己的想法制作新产品。在大学毕业生王盛林创办的北京创客空间，活跃着800余人，他们通常都集中在网络平台上，对来自周边的或基于自身的需求进行筛选、创意、设计与制作，试图创造能够走进别人生产线的产品。有一次，他们组织了一场持续48小时的创客比赛。比赛结束时，一款借助传感器以震动方式为视障人士指路的导航手环便被他们设计了出来。①

网络创业为许多草根阶层提供了新的职业形态，如"麻豆"（网络平面模特）、网店装饰设计师、电子商务摄影师等。

由上海交大研究生张旭豪、康嘉等几个在校生组建的餐饮 O2O 平台"饿了么"，为送外卖提供餐饮互联网服务。目前该业务已覆盖北京、上海、广州等 50 多个城市，服务用户超过 300 万人，日均订单超过 30 万个，2013 年在线交易超过 12 亿元。此外，还有许多毕业生借助这个平台实现了成功的创业：中国人民大学毕业生杜官开设了"大杜满腹"，英国桑德兰大学毕业生严信开办了"咖喱先生"，中山大学毕业生庞丹丹创建了"有间厨房"，等等。

二、 信息化进入了网络应用为主导的时代

与过去以技术创新促进信息化应用的阶段不同，我们现在进入了网络应用主导并带动技术创新的阶段。网络应用为主导的阶段，就是网络应用模式创新、商业模式创新层出不穷、神话迭出的阶段。任何一点应用模式的改变、任何一种商业模式的完善，都可以成为创业成功的因素，都可能开发出一种新的产品与新的服务。

以网络应用为主导的时代，是依托网络进行创业的好时代。

（一）利用网络技术，使创业变得相对容易

当今世界是以网络技术为主导的世界，互联网日益成为创新驱动发展的先导力量。网络技术的快速创新，网络技术渗透性、覆盖性、融合性进程的加快，使网络技术成为最具魅力的创业工具。

---

① 参见《互联网时代》，中央电视台电视纪录片。

特斯拉电动汽车是 IT 技术和工业设计的绝妙融合，以其出色的性能、外观和舒适度颠覆了人们对传统电动汽车的认知。它拥有全铝车身，采用"底盘＋车身"的突破性结构，将轮胎和电动机融为一体，让车身结构变得空前简洁，加上最低风阻造型的设计，使其无须换挡，百公里加速不到 4.5 秒。更为重要的是，特斯拉创造性地将笔记本锂电池用于电动汽车，攻克了串、并联技术和电控系统难题，提供了迄今为止最佳的电动汽车电池解决方案。此外，特斯拉还运用信息技术对传统汽车产业进行了升级改造，在电动汽车中带入了大型中控触摸屏、谷歌引擎、语音输入操控系统、内置无线网络等 IT 元素。在生产过程中运用大数据技术提升自动化水平，使生产效率有了大幅提高。

在信息技术人群眼里，电动汽车只是相当于"电动玩具"而已，任何产品、机器、装备加装了电子装置与软件，都可以成为一件新的"电动玩具"！利用网络技术来开发新产品、新服务、新业态、新工程，才是开发中国国内升级版消费市场的主攻方向，同时也是开发中国升级版投资市场的主攻方向。智能化、网络化的产品和智能化、网络化的服务，折射出的是中国消费升级与中国投资升级的新需求与新内容。这也是当前由"出国留学热"向"归国创业热"转化的最重要的动力。中国扩大消费促增长、扩大投资促调整，依靠的是庞大的新市场需求。这也是中国最大的经济优势。中国新型的消费与新型的投资需求是"招商引技"与招才引智的强大引擎，这是中国"大众创业、万众创新"的最重要的条件，因为中国启动了巨大的消费与投资同时升级的新兴新型市场。

（二）利用网络的条件进行创业，降低了创业的成本

利用网络条件进行创新创业，是指利用网络条件，非常方便、快捷、廉价、精准地找到自己创新与创业的各种技术、知识、资金、技术服务等要素，顺利实现成功创业。

（三）与网络云平台的合作创业，降低了技术开发门槛

这与利用网络条件创业是不同的。与网络云平台合作创业，是指创业者与网络云平台主体两者之间进行合作型的创业行为。

值得关注的是，大数据云计算平台主体与多个企业主体进行合作、协同创业，这是一种新模式。它是出于细分市场、减少成本、降低利用网络技术的门槛等考虑，由云平台主体专门提供数据存储与通用计算等服务，多个甚至成千上万个创业者在网络云平台上进行合作或协同的创新与创业。这种新型的创业模式，开创了"一切皆有可能"的新型创业时代。

（四）与网络相融合型的创业，拓展了创业空间

网络技术是新科技的主导技术。网络经济是当今时代最具活力的经济，是以网络技术改造传统产业后"升级版的经济＋新兴产业"的新型经济，是"升级版的消费经济＋升级版的投资与出口经济"，是硬件与软件、装备与服务、线上与线下相结合的新型经济。

网络创业又具有得天独厚的优势。一是打通了产业链上的各环节。科研机构、高校、企业、中介机构等各类创新主体，80后、90后等各类创业主体，产业投资基金等各类投资机构，同台合作与竞争。二是打破了行政区划的界限，政策平等、规则一致，政策目标同向。三是清除了行业壁垒。对于一些难以进入的行业，依靠信息网络技术，可以使创业者进入与退出的成本显著降低。杰里米·里夫金在《零边际成本社会》一书中提出，随着生产、生活的数字化和自动化，未来将出现由通信、能源和运输三大网络相互融合形成的超级物联网，人们能直接在物联网上生产、分享能源与实物，并运用大数据与算法来提高效率和生产力，

使生产和销售的边际成本降低到接近于零。四是拉近了企业与用户之间的距离。用户体验的良好与否很大程度上决定了创业者的成功与否。五是网络生态系统提供的大数据分析、设计工具等服务，降低了创业成本，提高了创业成功率。

这就是当今创新创业的"时"，就是当今创新创业的"势"。不审时度势，则难免进退失据。不懂得利用"天时""地利"与"人和"的"势"去创业，则难免事倍功半。

网络正快速地开拓并实现着"无处不在、无时不在、无人不用、无物不联"的新境界。与网络相融合的创业，每天催生着物联网种养殖装备、物联网加工制造装备、物联网服务装备、车联网运输装备、物联网工程装备等各类物联网装备产业；催生着知识型技术型的数据证据服务、数据计算服务、数据评价服务、数据预警服务、网络云平台服务、网络商务服务、网络物流服务、网络金融服务、网络文化服务、网络教育服务、网络订票服务等新型服务业；催生着网络化的新型光伏发电与节能的新能源工程、水利枢纽新型管控工程、环保新型监测工程、城市地下新型管网工程等网络化的工程业；催生着新一代网络芯片、网络软件、可信可靠新型网络通信装备、网络安全服务等产业。

与网络相融合的创业，促进了网络经济的发展。概括地说，网络经济是使用网络技术与装备来生产、制造与服务，实现增值、创造财富的经济。网络经济至少包括网络与种养殖业相融合的经济、网络加工制造型的经济、网络服务经济与网络工程经济四大部分。网络经济并不只是网络服务业经济，而是由网络对人类社会活动的大覆盖、大融合而产生的经济。

网络经济为创新创业提供了丰富内涵与巨大空间。可以这样说，人的想法容量有多大，网络经济的发展容量就有多大；人的梦想有多少，网络经济的类型就有多少。日益下降的网络成本、相对更低的物料能源消耗、更高的创新效率、更好的用户体验，构成了网络经济的强大竞争优势。只要你能找到创造网络经济的新产品、新服务、新业态、新工程的任何一个新体验点，在任何一个有作为的市场空间里找到你能作为的位置，你就有可能成功。

三、 高等教育的大众化与创业的年轻化

如今，我们已经告别了将高等教育作为精英教育的时代。据有关资料显示，2014 年浙江省的高等教育毛入学率①为 54％，中国的高等教育毛入学率为 45.05％。根据国际上公认的标准，当高等教育毛入学率达到 15％—50％时，就标志着高等教育进入大众化时代；达到 50％以上时，就标志着高等教育进入普及化阶段。大众化的高等教育，哺育了大众化的创业，为大众化的创业输送着源源不断的创业大军。

应届毕业的本科生、硕士生以及博士生是一批新生的创业群体，也将是我国创业的主导力量。城市化的推进、对自由工作方式的向往、创业门槛的降低、同辈创业的成功，都激励着 20 世纪 80 年代与 90 年代出生的这些年轻的大学生，使他们投身到创业的大潮之中。

大众化的高等教育，推动着大众化的创业。20 世纪 80 年代、90 年代出生的年青的一代，既是享受大众化高等教育的一代，又是从小就接触网络、在使用网络中成长起来的一代，是属于"网络居民"的一代，是具有与生俱来的网络创业优势的一代。

---

① 高等教育毛入学率是指高等教育在学人数与适龄人口之比。

随着互联网的广泛覆盖，创新创业要素加速流动，低成本、便利化、全要素、开放式的跨境跨界创新创业日益增多，"大众创业、万众创新"成为时代潮流。一个年轻人只要带着一台电脑，坐在咖啡桌边，边喝咖啡边玩电脑，就有可能创办出一家公司；一个在校大学生只要破解一个"痛点"，就可能成功创办一家从事专门业务服务的企业。

发达国家的精英们都注视着 80 后、90 后这一代高学历年轻人的创业，把他们看作决定未来的力量。

2014 年 9 月 29 日，《科技日报》发表了《大潮交响曲：创新驱动发展示范区》一文，引用了《华盛顿邮报》记者的评价，"中国新一代年轻人的创新创业，才是中国未来的真正优势所在"。"在全世界范围内，我都看见过创业公司的集聚，但北京让我震惊"，著名的创新大师史蒂夫·布兰科访问中关村后发出了这样的感慨。

20 世纪初，伟人毛泽东说过，"不懂得中国农民就不懂得中国革命"。现在也可以说，"不了解 80 后、90 后，就不了解十年后的中国"。

我们要与时俱进，全面推进大众科技创新与高学历人才科技型创业。科技型创业是当今时代"大众创业、万众创新"的主要形态。我们正步入以互联网与物联网为载体的知识经济时代，大众创业群体已经从改革开放初期的农民转向科技人员与高学历的年轻人。据《创业邦》发布的 2014 年度创业者报告显示，86.46% 的人把创业当成实现自我价值的一个途径，91.26% 的人把与网络相关的行业作为自己青睐的创业方向。据浙江省工商局统计，2014 年浙江省新登记各类市场主体 75.9 万户，相当一部分是由大学生和掌握一定技术的人员创办的。据人力资源和社会保障部初步统计，年轻人是网店创业的主力军，其中大专学历占 29.2%，本科学历占 19.2%。

高学历人才创业，还包括快速增长的留学人员归国创业。开放的中国出现了 20 世纪 80 年代后的出国留学热和 21 世纪初以来的留学人员归国创业潮。后者呈现出了三大特点：一是归国留学人员增长快。据《中国海归发展报告》，进入 21 世纪，随着出国留学人员的增加和中国经济环境的改善，回国人数开始迅猛增加。2003 年，中国留学人员回国数量首次突破 2 万人；2012 年，回国人员数量达到 27.29 万人，同比增长 46.56%。从浙江省来看，据中共浙江省委组织部人才办统计，截至 2010 年年底全省共有归国留学人员 12500 人，2011 年新增 4300 人，2012 新增 4800 人，2013 年新增 6500 人，2014 年新增 7400 人，呈逐年扩大的趋势。二是在国外有工作经历、经验的留学人员辞职归国比例增大。在 2000 年后的头三年，有工作经历、经验的留学人员辞职归国的数量不多；但到 2008 年后的几年，受发达国家金融危机的影响，回国留学人员数量大增，年均增长率超过 50%。三是留学人员归国创业数量急剧扩大。据中共浙江省委组织部人才办统计，截至 2014 年年底，浙江省"千人计划"有 1144 人，其中 660 名集聚在企业一线创业创新，333 名自主创业。

四、 科技成果作价折股投资创业

科技人员依托其人才与技术创新能力的优势，把持有的科技成果作价折成股份进行投资；民营企业发挥其资金资本的优势、管理企业与开发市场的优势，与科技人员将科技成果作价折股合作投资创业，形成了新的创业潮流。尤其是老一代民营企业的首批创业者退休，新生代的职业管理人接替以后，加快了这种新型创业的步伐。各高校、科研院所深化管理体制改革，国家在各高新区推行自主创新示范区各项改革试点，进一步解放了科技人员与科技成果，让他（它）们进一步成了科技型创业的要素源泉，推动了科技型小微企业的诞生。截至 2013 年年底浙江省科技型小微企业累计已达 11631 家，2014 年新增 3767 家，增速在逐年加快。

科技成果折股创业，是一项科技体制与对科技人员激励体制的重大变革。但它的巨大价值，目前还远远没有被各方面所认识。它不仅有助于打通科技成果转化、产业化的通道，有助于引导科技人员围绕做强产业去创新，更重要的是有助于构建"让一切创造社会财富的源泉充分涌流"的体制，这就是科技成果资本化的魅力。2005 年，28 岁的查德·赫利和 27 岁的陈士骏凭着一张信用卡和几台计算机创立了 YouTube 公司，从而开创了网络视频时代。2006 年，YouTube 公司拥有 60 名员工，成为世界上最大的视频网站。随后，谷歌公司以 16.5 亿美元收购了 YouTube 公司，这距 YouTube 公司成立仅 20 个月。笔者被这个故事深深地震撼了：20 个月、60 个人，其技术资本创造的价值与收益是何其巨大呀！在技术资本化收益分配的激励体制下，何患技术创新没人重视呢？"构建'让一切创造社会财富的源泉充分涌流'的体制"，是否应该从这里破题呢？

第四章

云：为创业构建的全程服务体系

如果站在创业者的角度，我们能体会到，缺乏有效、精准的创业服务，是实现成功创业的最大制约。这是我们的"短板"，也是各高新区的"短板"。比如，谋划创业时，他们缺乏有效的创业知识与创业咨询服务；开始创业时，缺乏资本、政策与创业的指导服务；开发出新产品与新服务时，由于政府与国有企业有"必须采购成熟的、有使用经历的产品与服务"的规定，缺乏获得"第一个订单"的可能，同时也缺乏商业模式创新、扩大资本投资的服务；扩大生产规模时，又缺乏投融资的服务；准备上市时，缺乏高水平的上市服务，等等。

　　互联网的出现，尤其是大数据、云计算的诞生，逐渐改变了"创业缺高效、高水平服务"的状态，网络的创业服务体系逐步建立并得到完善。

第一节　生态系统与体系的概念

生态一词源于古希腊的 οικος，原意指"住所"或"栖息地"。1866年，德国生物学家 E. 海克尔（Ernst Haeckel）最早提出生态学的概念，当时认为它是研究动植物及其环境间、动物与植物间及其对生态系统的影响的一门学科。简单地说，生态就是指一切生物的生存状态，以及它们之间和它们与环境之间环环相扣的关系。人们常常用"生态"来定义许多美好的事物，如健康的、美的、和谐的事物均可冠以"生态"修饰。生态系统指由生物群落与无机环境构成的统一整体。生态系统的范围可大可小，相互交错，小到一滴湖水、一个独立的小水塘、热带雨林中的一棵树，大到一片森林、一座山脉、一片沙漠，都可以是一个生态系统。最大的生态系统是生物圈，最为复杂的生态系统是热带雨林生态系统，而人类则主要生活在以城市和农田为主的人工生态系统中。生态系统是开放的系统，为了维系自身的稳定，生态系统需要不断输入能量，否则就有崩溃的危险。

一个生态系统具有自己的结构，可以维持能量流动和物质循环，地球上无数个生态系统的能量流动和物质循环，汇合成整个生态圈的总能量流动和物质循环。一个生态系统内各个物种的数量比例、能量和物质的输入与输出，都处于相对稳定的状态。如果环境因素变化，生态系统有自我调节恢复稳定状态的功能。如果环境因素缓慢地变化，原有的生物种类会逐渐让位给新生的，更适应新的环境条件的物种，这叫作生态演替。但如果环境变化太快，生物来不及演化以适应新的环境，则会造成生态平衡的破坏。

生态系统之间并不是完全隔绝的，有的物种游动在不同的生态系统之间，每个生态系统和外界也有少量的物质能量交换。人类会创造人工生态系统，如农田的单一物种、城市的生态系统，都是人工创造的。人工生态系统一离开人类的维护，就会被破坏，恢复到自然状态。

云上为创业全程服务的体系，是借用生物学生态系统理念形成的一个概念，指的是依托网络环境形成的、为人们创新创业提供全面与全程服务的生态体系，包括从技术创新到实现创业的全过程的服务、支持、关怀、能量补充及制度条件和环境供给等。

第二节　云上创业全程与全面服务体系的构成

云上创业全程与全面服务的生态体系，具有为创业提供的网络知识服务、网络数据服务、网络软件服务、网络云计算服务、网络咨询服务、网络政策申请服务、风险投资服务、产品的网络销售服务、上市服务，以及为创业成功后的继续（合作）发展提供的服务等十多个板块。它是一个以大数据、云计算平台为基础，以网上全程与全面创业服务为内涵的生态体系。其架构如图 4－1 所示：

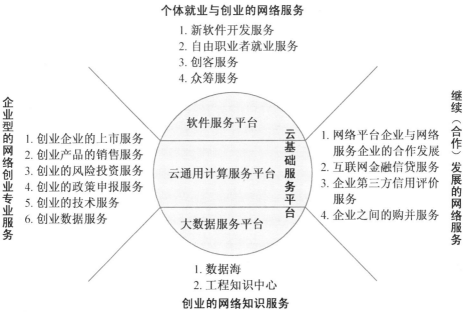

图 4-1　为创业者服务的网络生态系统架构示意图

　　如上图所示，为创业服务的网络生态系统包括五大部分：创业的网络知识服务、云基础服务平台、个体就业与创业的网络服务、企业型的网络创业专业服务、继续（合作）发展的网络服务。其中每一部分又有若干个细分的服务项目，构成了从谋创业、始创业、创业中、创成时、创成后的完整网络创业服务生态链，以及各部分相互依存、相互促进的生态体系。

一、 创业的云基础服务平台

　　创业的云基础服务平台集中了以亚马逊为代表的 IaaS（基础设施即服务）、以 Salesforce 为代表的 PaaS（平台即服务）、以微软为代表的 SaaS（软件即服务）的优点，又提升了服务层级，是创业服务网络生态系统的核心部分。其主要功能是：

1. 为创业者提供了大数据服务。其包含两个方面：（1）为创业者提供创业市场的数据调查、分析预测、风险评估，以及最终决策的大数据服务；（2）为创业者、创业企业提供数据云存储服务。创业者可以不用自建数据平台，而把自身的数据管理外包给云基础服务平台来打理。

2. 为创业者提供了通用计算服务。互联网的业务服务是细分市场的服务。云计算服务可以分成两类：通用计算服务、专业业务计算服务。两者的区别在于，通用计算是普适性计算，可以使用分布式云普适计算的操作软件来实现；专业业务计算属于专用业务计算，需要开发把业务流程与管理制度整合为一体的业务专用操作软件来实现。专业业务计算服务是建立在基础通用计算服务之上的一种服务。云基础服务平台可以为创业者提供如供电、供水、供气一样的公用服务型的通用计算服务，为创业者降低创业的成本门槛与技术门槛。对于物联网器物端的创业者来讲，这类城市供电、供水等公用服务型的通用计算服务，将为其创业少走弯路、突破障碍提供以往不曾有过的技术支撑，从而使创业变得相对容易与简单。

3. 为创业者提供了设计模块、设计工具及各种设计开发软件服务。创业者在开发网络智能型的各类产品时，需要各类产品的设计模块或标准构件、设计软件工具等，云基础服务平台均可为之提供，使创业者轻松、方便地获得这种随时随地、得心应手的专业服务。云基础服务平台提供的各种软件供应服务，使软件的应用集成开发工作变得相对简单与容易。

应该特别指出的是，云基础服务平台是集免费、租赁与交易于一体的平台。其之所以可能为创业者提供一些免费服务，是因为它是开放的，有的数据、软件工具、软件的开发是由兴趣型创客提供的。这些兴趣型创客的开发目的不是为了盈利，而是为了证明自己、实现梦想。当他们自己的梦想实现后，便把自己的开发成果留在了云基础服务平台上，供大家免费使用。另一种免费的提供者，是某些意图开发市场业务客户的大企业或科技型的公共服务机构。租赁的目的是为了降低创业者的创业成本、提高创业的效率，同时以租赁的方式开发客户市场。就设计软件而言，一艘大型海洋作业船或运输船的设计软件，价格是几百万美元。对于初始创业者来讲，购买这样的软件可能会有困难，而使用计时租赁，则比较适合。交易是指向云基础服务平台购买通用计算、数据云存储、数据内容及业务分析、软件等的行为。通过云基础服务平台可以货比百家千家、价比百家千家，购进适合的产品与服务。还有些技术开发，创业者自己并不擅长或自己开发成本会比较高，委托云基础服务平台进行开发，会更加省心省事。

二、 创业的网络知识服务

在讲这个服务时，笔者想先讲一个孩子创新与创业的故事。美国少年泰勒·威尔斯 10 岁时制造了一个炸弹，14 岁时建造了一个核聚变反应堆，成为世界上完成核聚变壮举年纪最小的人。2012 年高中毕业时，他利用核裂变反应堆技术成立了清洁新能源公司，并自制了仅需几百美元的核武器检测仪。

笔者在看到这个故事时，就觉得好奇：一是 14 岁的孩子，最多上初中，头脑里怎么会有那么多的核知识？二是怎么会有核反应堆的设计技术、建设组装技术和运行监测控制技术？三是怎么会有核安全保障的知识与能力？由此，笔者想到了创业的知识服务问题。网络经济时代，说到底是知识经济时代，是大数据的知识时代，人们可以通过网络快速掌握各种知识（包括技术、技巧）。人们一旦掌握某一方面的知识、技术、技巧，就会知而不难，就可以创造出人间奇迹。因此，网络的知识服务为他们实现创业的梦想提供了最重要的支持。笔者多次听过中国工程院原常务副院长潘云鹤先生的大数据讲座和知识服务的专题讲座，他的演讲让笔者受益匪浅。他介绍的浙江大学的"数据海"与中国工程院正在建设的"工程科技知识中心"，就是网络知识服务的依托。这两大造福人类的知识工程很有意义：一是把知识进行了数据化的处理，并提供以免费为主的网络知识服务。只要你打开这两个数据网络知识服务平台，就可能获得你所感兴趣的或所需的知识。二是进行了"知识新编"。知识新编的目的，是让你像查字典那样，能非常方便地找到你所需求的知识。通过知识分类管理、关联图书编辑、多数据源关联、多媒体语义关联、中西文献关联、知识的查询及多维度多粒度关联搜索、鉴别分析、尝试搜索与研究，构成了网络知识的便利服务。这就是为创业者服务的网络生态系统中的第一大部分。创业的兴趣与梦想为创业提供了动力，网络的知识便利服务为成功创业插上了翅膀。

由此，我们可以想象并理解，美国 14 岁少年泰勒·威尔斯的核知识、核反应堆的设计技术、组装技术、运行检测、监测与控制技术、安全保障技术是从哪里来的。我们还应该理解，为什么学界一直把信息经济、网络经济、大数据经济称为知识经济。技术创造财富，知识创造奇迹。如果说兴趣与梦想是创新创业之父的话，那么知识就是创新创业之母。网络的知识服务乃是成就创业者梦想的源泉与翅膀。

三、 个体就业与创业的网络服务

这是创业服务网络生态系统的重要组成部分。众筹、众包、众创、微创新等，是通过网络发挥组织作用、协同功能、集成服务等发展起来的创新创业的有效形式。同时，网络把碎片化的时间和一时的灵感开发并利用起来，使创新创业有了智慧及可随时随地推进的特色；网络带来的这种就业创业的自由，很快得到了一些追求自由、个性（甚至任性）的80后、90后的追捧，涌现出了一批自由职业者和有个性特色的创业者，出现了宅网店开办者、宅动漫设计者、自由撰稿人、网络作家、网络产品设计者等一批自由的职业者和创业者。举几个典型例子：

案例一

金华天格公司"9158"在线社区，有2.6万个网上直播间，造就了2.6万个主持人就业创业岗位，按业绩计酬。有一名公务员在天格公司在线社区兼职成功后便辞职当了专职主持人。在线娱乐、在线文化、在线教育，都可以参考这种形式，开发这类新型就业岗位。

案例二

与网易合作的某作家，写了一部小说，根据下载阅读量计酬，一部小说的稿酬收入就达到3500万元。

案例三

某个年轻人写了一首歌，在中国移动的"音乐基地"首次上线，便大获追捧，版权收入达1000多万元。

四、 企业型的网络创业专业服务

创业服务业与投资服务业是一个知识与技术结合、理论与实践经验结合的产业，是我国十分紧缺而又对转型升级十分重要的产业，是一个人才密集型的产业。

创业服务业或投资服务业不但水平要求高，而且产业链非常长，内容十分丰富，需要专业人员来运作。

创业服务业，按创业链条来细分，包括创业咨询服务业、创业政策服务业、为新产品或新服务提供"第一个订单"的服务业、提供风险投资与产业投资的投资服务业、企业上市服务业，等等。其中创业咨询服务业，就包括市场调查、创业定位、风险评估、创业决策、风险防范方案制订等诸多内容；创业资本的服务，就包括始创时无偿性的政策资金资助、风险投资跟进、扩股增资、上市融资等诸多环节，非常复杂精细。

大数据、云计算等网络技术的进步，使上述创业专业服务变得相对简单和容易。通过网络的专业服务，为咨询服务提供庞大的数据及数据分析技术的支持，既可降低成本，又可提高精准水平。参照阿里巴巴的淘宝、支付宝等名称，我们可以称之为"易咨宝"。易咨宝，就是通过云服务平台，最大限度地方便创业者得到大数据精准咨询服务。这种咨询服务的方式，就像在网上购物那样简便有效。还有"易知宝"，就是通过专业服务的云平台，很方便地得到各类关于人体、物体、技术等的知识性的精准服务。再如，通过网络化的软件工具及软件的免费、租赁或交易服务，缩短创业者产品、服务与工程技术的开发时间，提高开发效率。如同前述，我们可以将软件工具的不同服务分别称为"软件免费宝""软件易租宝"和"软件易购宝"。通过新产品、新服务、新工程的网络推介，推进新产品、新服务、新工程的首个客户市场开发，我们可以称之为"订单宝"。通过与风险投资、产业专项基金的投资资本对接，降低募资成本，加快创业企业的资本募集，我们可以称之为"投资宝"。通过企业证券上市服务，激活众多投资者的兴趣点与关注点，促进上市的成功，我们可以称之为"上市宝"。开发上述网络创业服务的"宝宝"系列，可以使成功创业更简单、更方便，同时又可以大大拓展、提升投资与创业服务业的水平。

五、 继续 （合作） 发展的网络服务

创业是个过程。借用中国共产党"作风建设永远走在路上"的表达句式，人们也可以说"创业永远走在路上"。

企业上市了，只是意味着创业的阶段性成功，接下来的任务是把企业做强做大。做强企业需要合作，需要继续创新发展、合作或重组发展，因此需要升级版的继续创业服务。

网络生态体系，可以为成功上市后的企业的继续发展提供服务。第一，利用云基础服务平台，为继续创业发展的企业提供数据存储与通用计算的外包服务。第二，为继续创业的企业与其他企业的合作提供合作的网络对接服务，使之低成本、高效率地找到技术合作、协同制造或协同开发的合作者，乃至找到企业并购重组的机会与服务。第三，为继续创业的企业提供客户的第三方信用大数据评价服务，以尽量规避风险。第四，为继续创业的企业提供在线融资信贷服务。

上述五大部分构成了为创业服务的网络生态系统或体系。在这个生态体系中，云基础服务平台是核心，为整个网络生态系统提供了技术支撑、能量供应及平衡管控；创业的网络知识服务、个体就业与创业的网络专项服务、企业型的网络创业专业服务、继续（合作）发展的网络服务，是细化服务的具体提供者，它们相辅相成、互相促进、缺一不可。

第三节 云栖小镇的创业实践

建设云上为创业全程全面服务的生态体系，打造"大众创业、万众创新"的天堂，这不是梦想，而是现实。阿里云计算与杭州西湖区转塘科技园管委会合作，着力打造"云栖小镇"，就生动地提供了这样的典型案例。

云栖小镇，既非地名学上的地理概念，又非行政区域上的镇域概念，而是云计算产业生态栖息的园区。它因附近"云栖竹径"胜境而得名，通过搭建以云计算产业生态为核心的创新创业平台，聚焦高科技，聚集并服务于创新创业人才。

阿里云计算有限公司在王坚博士的带领下，搭建了通用的云计算公共服务平台——"飞天"。这一平台在构建了比肩世界先进水平的云计算技术体系的同时，也服务了上百万大中小各类企业。2013 年，为了给在云上的创业者提供与大企业相同的创业创新平台，阿里云创业创新基地在云栖小镇揭牌。2013 年 10 月 24 日，阿里云计算有限公司作为牵头单位，与积极参与云计算生态建设的 32 家企业一起，发起"云栖小镇联盟"，致力于共同发展中国云计算产业生态，为在云上的创新创业者提供更多的帮助。"云栖小镇联盟"是云计算创新创业实践者的联盟。他们致力于让云生态中的开发者与云平台企业密切交流、合作，共同思考、探讨并实际推动解决云计算发展过程中的问题，促进云计算的创新生态的形成，最终驱动中国云计算产业的发展。云栖小镇创建不到一年，就有上百家创业企业入驻。同时，每年一届在云栖小镇召开的阿里云开发者（其实就是创业者）大会，给立志于借助网络生态系统创业的人们提供了落地交流、实践创业、合作创业、谋求共同创业的机会。2014 年，来自世界各地的参会者有近万人。云栖小镇成了真正意义上的创新创业者的天堂。政府与阿里云合作，为创业者提供政策扶持。云通用计算、资金资助、技术培训、创业辅导等服务越来越精准，网络生态体系越来越完善，成为推动创业创新的新引擎。"云栖小镇联盟"渐渐成了创业者云集与健康成长的福地。

总之，为创业服务的生态体系的完善，将为各类创业者降低创业门槛，利用众筹资本进行"合得快"的创业，利用网络风险投资服务实现"投得准"的创业，利用网络服务整合上下游企业进行"合得好"的创业，使各类创业者更容易成功。

为创业服务的网络生态体系的不断完善，为新型创业降低了门槛，完善了服务，方便了协同，缩短了与客户的距离，增加了与消费者的互动，从而使创业者少走了弯路，提高了成功的概率。基于网络的众筹性创业、众包型创业、协同性创业、弥补短板型创业、微创型创业、趣味性创业的不断涌现，改写了过度依靠资金、"钱本为主"的创业历史，使人类逐渐步入了更多依靠人的知识、技术、智慧、创意的"人本为主"的创业时代。

附录： 发生在云栖小镇的创业故事

1. 阿里云让创业者拥有与大企业一样的创新平台。

在以云计算为基础的"云栖小镇"中，每一个开发者都能站在同一起跑线上，拥有以前无法轻易获得的数据和计算能力，去做自己想做的创新。同时，传统企业也有了与互联网企业一样的创新动力与能力。

创业创新企业是最具活力和发展前景的企业，善于捕捉机会，开发新的市场应用，具有很大的发展潜能。但是，如果它们把太多的精力花在 IT 的开发运维上，就会影响对业务开发的投入。云计算带来的超大规模、虚拟化、可扩展的按需服务，能够帮助创业者集中精力抓业务开发，帮助创业者从不擅长的 IT 开发与运维中解脱出来，把精力与财力聚焦投向核心业务，加快发展。

案例一："货车帮"用一朵云换 100 公里

"货车帮"是连接货主与货车司机的一个互联网服务，货主在线发布需求信息，货运司机在线发布自身车辆信息，手机点几下，双方便达成了交易。"货车帮"被认为是物流行业的"快的打车"，但又与"快的"的运营模式不同。它构建的是整个公路物流的生态系统，包括物流金融、无缝配载、担保交易等，并在物流园、停车场等提供包括信息发布系统、查询系统等货运信息服务。

2011 年 9 月，"货车帮"对成都大型货车的配货进行过一场调研（川陕路 10 公里 27 个停车场，14000 多辆 4 轴以上货车）。调研结果显示：63.5% 的货车是放空 100 公里来成都传化物流基地配货，56% 的货车要放空 100 公里去地级市装货，平均下来一辆货车配一次货至少需要空跑 100 公里。货车配货周期通常为 5—7 天，配货过程中司机空车从周边城市跑到附近地区的物流园找货，如果到了这个物流园找不到货，还要空车去下一个地区物流园找货。无疑，这是一种非常落后、原始的配货方式，成本是高昂的。"货车帮"的出现，解决了这种车辆空驶造成的普遍的资源浪费现象，缓解了货车司机开车空跑找货的压力。

目前，每天有数十万名司机与货主不停地刷新软件界面，发布信息。在订单达成后，"货车帮"还会对接单车辆进行全程定位跟踪，数据实时传输至云端。这背后，阿里云计算为其提供了稳定、快速的大数据与云计算的系统支撑，为"货车帮"的顺利运营提供了安全防护的保障。

2014年，"货车帮"为中国节省的燃油价值100亿元，为70多万名货运司机控制货运成本、降低空载率，提供信用保障及风险管控。可以说，"货车帮"推动了传统物流行业的升级。

案例二：12308，创业公司帮助百姓解决"出行难"

12308网站（12308.com）是一个服务于国内旅客的公路客运购票平台，可以提供在线实时查询、预订、退改签汽车票服务。这个"汽车票版的12306"，是由一家互联网创业公司打造的，仅花了半年时间，就已实现提供国内61个城市459个汽车站的在线预订车票服务，提供国内327个城市5293个汽车站的行车时刻表的查询服务、客运站的实时信息服务。

12308订票网站最初遇到的技术瓶颈，就是难以支持短时间内的涨潮式的大容量的在线服务。他们仔细调研后，放弃了自己购买硬件设备的建站方案，决定使用阿里云的弹性计算服务。这不仅让12308节省了巨额的硬件投资，使其在IT硬件上的年均投入不到20万元，也节省了IT运维的人力成本。公司共有40个人，其中技术团队18人。借助云服务，12308已经顺利度过"春运"和"五一"抢票高峰。

12308改变了传统的汽车票购票模式，也改变了旅客的出行方式，使民众可以享受互联网所带来的便利。与12308平台合作的客运企业，也随之感受到了互联网和云计算带来的变化：在节假日等出行高峰期，旅客通过互联网提前购票后，自助取票进站，降低了客运中心售票窗口及车站候车人流过大的压力；客运中心通过提前购票的出行数据，还可以实现合理调配车辆大小及班次，降低运输企业的运营成本。一家互联网创业公司在解决民众出行难的同时，也推动了传统客运行业服务理念和运营模式的转变，促进了传统民生服务向互联网的加速迁移。

案例三：超级课程表，帮助大学生更方便地上课

23 岁的余佳文在上大学时，因课程繁多经常忘记在哪里上课，身边的同学也都有这个烦恼。这促使他开发了一款能对接高校教务系统的系统软件。在这个系统软件上，只要有学号，就可以快速地把课程表转入手机等工具中，大家觉得很方便、很适用。

接着余佳文与他的 90 后伙伴们创办了一家公司，专门提供超级课程表在线服务，服务产品不断更新换代。超级课程表的服务器访问量有着明显的波峰波谷：每年开学季时访问量巨大，开学过后则有明显的回落。因此，创办公司时余佳文选择了与阿里云合作，由阿里云提供可随需扩展、按需付费的云计算服务。这样既满足了这种潮汐式的服务需求，同时又让余佳文的公司节省了服务器的投资成本，还让公司专注于提升用户的服务体验，进而获得成功。

一年多的时间，超级课程表服务覆盖了全国 3300 多所高校，用户数已超过 1000 万，平均日活跃用户达 200 万以上。同时，仅 2014 年上半年，超级课程表服务就产生了高达 17 亿次的课程搜索行为；"下课聊"模块借机成了国内学生匿名社交最大的平台。以"课程表服务"为中心，未来还将开发若干新的实用的服务，如线上课程笔记整理查对、在线教学等服务。

2. 阿里云让企业创新技术能更快地惠及社会。

很多人还不了解的是，提供完善的互联网服务以及构建良好的移动

互联网应用是很不容易的，极高的技术门槛将成为其最大的阻碍。比如，让家里的电器实时连接云端，让传统电视节目实现网上的剪辑和直播，让 APP 具备定位功能、人脸识别功能、语音识别功能，同时又能满足大规模客户的广泛使用，这些看似简单的工作对很多企业或开发者来说是难之又难的。

在阿里云上，众多的技术创新企业通过统一通用的云平台，把他们的技术能力开放出来，可以让客户或更多企业快速接入，享受到最新技术服务带来的便利。

案例一：杭州德澜，智能家电物联网云平台

杭州德澜科技自 2010 年开始智能家电物联网的研发，主要提供从设备、数据、APP、平台、云到运营的物联网整体解决方案与产品服务。目前已经与国内多家大型家电企业联合进行产品开发，通过把物联网智能模块嵌入空调、热水器、洗衣机、冰箱等家用电器，使这些家电通过互联网连接到云计算，将普通的家电变成智能家电。

通过手机上的 APP，用户可以管控家里的电器，生产商可以知道电器是否有故障并及时安排维修……家中所有电器都可以联网和联动控制，这是"未来之家"的一个普通场景，而这正是德澜科技通过互联网与云计算为用户提供的智能生活体验。传感器、声控系统、用户喜好、健康预警、设备联动控制……伴随物理世界联网而生的是新的数据大爆炸，这些海量数据处理需求需要依靠强大的云计算平台来支持。借助云计算，德澜科技正将物联网家电带入更多家庭。

案例二：北京新奥特，互联网媒体平台服务提供商

北京新奥特是承建中央电视台新演播大厅的广电行业数字媒体技术厂商。2014 年 3 月，新奥特云视与阿里云合作，推出基于云计算的广电

行业第一个开放式全媒体云平台 OnAir，其节目的编、播、存可全部在线上完成。这一创新推出的以视频为核心的电视云服务模式，让用户不再需要采购设备，只需要在 OnAir 云平台上开通服务就能够在几小时内组建一个相当规模的网络媒体。与传统方式相比，OnAir 云平台一方面极大地节约了建设成本（近五分之一），另一方面满足了客户基于互联网时代全媒体的运营需求，还带来了媒体工作方式的改变——视频内容可实现全媒体（电视、网站、手机移动端）的全屏幕发布。

南京的青奥会赛事云转播网上直播，中华网、香港凤凰卫视等都已经采用了 OnAir 云平台。2015 年内，全国 200 家电视台将接入该云计算平台。OnAir 将帮助中国数百家电视台跨越技术门槛，实现自身的转型升级。

案例三：杭州跃兔，从游戏开发商转型为游戏平台运营商

跃兔公司原是一家网络游戏企业，公司的核心产品《神途》用户数量超过 200 万，同时在线人数达到 5 万人。通过阿里云，《神途》成了一个基于阿里云的开放性的业务开发平台，让游戏代理商和资深玩家在《神途》的核心框架上进行第二次开发设计，为不同趣味偏好的客户提供不同版本的《神途》游戏，并获得收入。依托阿里云，跃兔公司成为游戏平台的运营商，让玩家客户变成了游戏的开发者，让热爱游戏的创业者能够以极低的门槛参与创业。虽然国内的游戏领域竞争激烈，但是凭借阿里云提供的服务器架构和云服务，很多年轻的创业者和大公司站在了同一起跑线上，令很多年轻人可以实现自己的创新梦想。跃兔从 2010 年创立至今，已经创造了近十个千万富翁，上百个百万富翁，并且还在保持着稳定的增长。

案例四：Face＋＋，人脸识别云服务

运行在阿里云平台上的 Face＋＋，是全球最好的人脸识别服务提供

者。通过它提供的开放服务，开发者可以快速地、低成本地将人脸检测、识别、分析技术集成到自己的应用中。Face＋＋的技术目前处于世界领先水平，超过1万名应用开发者在自己的产品中集成Face＋＋的面部识别功能。Face＋＋为美图秀秀和美颜相机APP提供的人脸检测、人脸追踪、关键点检测技术，可精准定位人脸中需要美化的位置，实现精准自动的人脸美化服务；世纪佳缘网站集成Face＋＋，使用户可以根据自己对另一半长相的要求，在网站的数据库中搜索具有相似外貌的用户。

对于Face＋＋来说，当大量开发者调用识别服务时，对于平台整体的处理能力有很高的要求。例如，当进行面部识别的时候，需要处理大量来自面部的数据信息，包括结构、五官以及肌肉等方面的数据分析。Face＋＋的识别效果与用户体验背后，是阿里云稳定、高效的云服务保障。

案例五：高德，基于位置的服务

高德是中国领先的数字地图内容、导航和位置服务解决方案提供商，基于阿里云，高德地图逐渐从单一地图商向LBS（基于位置的服务）开放平台商转变，原来高德的3000万基础地址库成功转变成定位服务，同时通过开发者客户应用又获取了地图的更新信息，形成了良性循环。

3. 阿里云使传统企业成功"拥抱"互联网。

云计算产业及其生态体系的发展，让大型传统软件提供商转变了软件的服务方式。阿里云为传统软件企业提供基础设施，使软件公司从软件销售转为软件服务。

案例一：中软国际，成功开发了"卖软件服务"的新模式

在传统IT服务交付模式中，往往是"卖软件与卖硬件"同时进行的。这种模式，客户要花大量的钱采购IT设备，但是很多设备的能力在实际使用中发挥得并不充分，一般企业所利用的计算资源只占其设备的

设计峰值的 20％。2012 年，中软国际与阿里云开始深度合作。中软国际很快基于阿里云计算平台开发出了 Resource One PaaS 这个面向电子政务的 SOA 中间件平台，继而又开发了新的软件服务交付平台 Joint Force。

基于 Joint Force，中软国际成功开发了"众筹建设、众包开发"的新商务模式，通过代码复用、项目众筹的方式，依靠社会化力量共同开发交付软件项目；同时通过开发在线的"卖软件服务"，完成了 5000 多个客户服务项目的云迁移，取得了新的服务模式的成功。以 Joint Force 为代表的新业务平台，就是要把原来传统的以线下提交项目的方式，变成在云上提供服务的方式。

案例二：天弘基金，互联网金融的开拓者

截至 2014 年 6 月底，余额宝总规模已达 5741.6 亿元，用户数已达 1.24 亿人，为用户创造收益 125.48 亿元。余额宝对接的天弘增利宝货币基金规模半年内增加了 3888 亿元，使该公司规模增幅达到 2 倍。仅仅一年时间，天弘基金就从一个排名靠后的中小基金公司，跃居行业老大，一举取代占据首位七年之久的华夏基金，成为基金管理规模最大的基金公司，总规模已达 5862 亿元。在余额宝上完成基金销售神话的天弘基金，搅动的不仅仅是传统金融行业的水池，更是观念的转变。它使银行理财覆盖不到的人群，也能公平地享受理财，从而推动了"普惠金融"。

余额宝业务流程的确定和技术系统的实现，是一次没有先例的创造。推出之初的 3 个月，后台系统部署在天弘基金原有的数据中心，虽然做了针对性的扩容，但是余额宝的用户增长速度大大超出原有预期，后台系统的压力开始显现。余额宝选择抛弃传统的 IT 架构，将全部后台系统迁移到阿里云上。2013 年 11 月 11 日，余额宝首次参与"双十一"大促，全天余额宝支付共 1679 万笔，支付金额 61.25 亿元——这个数字创造了基金史上最大单日赎回纪录，全天 1679 万笔赎回交易，更相当于当日沪深两市交易总和的 2.4 倍。云计算对余额宝而言，最初是没有选择的选择，到后来却发现是最好的选择。

案例三：众安保险，创新的金融保险

2013 年 9 月 29 日，众安在线财产保险股份有限公司获得中国保险监督管理委员会同意开业的批复，这是中国首张互联网保险专业牌照，也是全球第一个网络保险牌照。作为国内首家互联网保险金融机构，众安保险业务流程全程在线，全国均不设任何分支机构，完全通过互联网进行承保和理赔服务。它是一开始即诞生在云上的轻资产保险公司，是将全部核心与外围系统全都部署在云计算平台上的金融企业。

在云服务的业务开发中，众安不是简单地把线下保险产品搬到网上售卖，而是采用了深度介入在线物流、在线支付、在线消费者保障的方式，采用了互联网的模式重构消费者、互联网平台等相关各方的价值体系。如针对淘宝卖家开发的众乐宝和参聚险，淘宝卖家以保证金保险的方式替代向淘宝缴纳资金担保，自开办以来，累计释放小微企业资金 45 亿元，缓解了中小卖家的资金压力，激发了互联网经济的发展活力。这是互联网保险在支持小微企业方面的典型的成功案例。

4. 联合创投机构，为创业者提供创业指导和投资服务。

阿里云在创业者与投资机构之间建立了相互合作的桥梁。以 2014 年的开发者大会为例，其就专门设立了"风投面对面"专场，优秀的创业者通过提交商业计划书，展示自己的创新技术和商业模式；而风投公司则通过投资机构评审作品，从中寻找有价值的孵化项目。

案例一：银杏谷，云端创业风险投资

浙江银杏谷资本是由浙江省诸多知名民营企业（华立集团、华日实业、精功集团、万丰奥特集团、士兰控制）联合发起设立的，凝聚了知名企业家的力量和心血。这些企业家对互联网、云计算有着深刻的理解。他们认为，不关注、研究和投资"涉云产业"，就无法成就一家具有鲜明投资风格、深远社会影响、获得丰厚投资回报的创业风险投资机构。

银杏谷资本致力于扶持云上初创企业，解决初创企业实际问题，助其快速、健康、持续成长。由银杏谷资本发起的"1024"创业计划首次亮相于 2013 年度阿里云开发者大会，是一项扶持初创项目与小微企业的创新投资计划。面向基于云服务、大数据服务领域，设立了 1 亿元创业投资基金。现已有 4 个云端创业项目获得"1024"计划的投资。

银杏谷资本团队凭借丰富的企业运营管理经验和专业的投融资管理咨询能力，通过"1024"创业计划整合资源来对接初创企业需求，切实帮助初创企业。在以云计算产业生态为核心的云栖小镇，银杏谷资本已扎根两年，致力于运营孵化创业企业，为云上创业企业提供投资服务与创业指导。

第五章

大数据的制造强国与绿色发展之路

现在，有些先行者认为，我们已经从 IT 时代进入了 DT（大数据）时代。这是有道理的。但是，什么是大数据呢？怎么正确认识并利用大数据呢？我们应该如何发挥大数据的作用，去解决建设制造强国与工业使用材料能源多、污染大的冲突呢？我们应该如何利用大数据，去解决人民日益增长的健康需求与现实污染排放过大的矛盾呢？

第一节　网络使大数据绽放出了异彩

推动网络化大变革的另一个重要力量是大数据技术的发展及投入使用。大数据的利用，开辟了把数据与信息作为真正要素广泛使用的新纪元，同时又为云、管、端三者为一体的网络开发利用注入了新的正能量。在大数据日益被广泛利用的背景下，云是大数据存储与分析利用的载体，管是大数据传输的依托，端是大数据采集与实现利用的工具，三者缺一不可。网络化的大变革，实际上也可以说是网络采集、存储、分析、利用大数据的大变革；大数据的利用，为网络化的大变革提供了正能量，注入了新动力。

数据是对客观世界与人类活动的记录。因此，自有文字以来，就有了数据。但是，为什么过去没有人提大数据呢？这是因为历史上记载数据、传播数据的手段主要是靠纸质文字，计算数据的工具亦比较落后，难以对数据进行有效的整理和大规模的计算。自有了计算机，尤其是有了网络之后，人类有了大数据采集的工具，即互联网的客户端和物联网的器物端，这才有了数据的大产出；有了大数据的传输管网，这才有了大数据的集成；有了云存储的技术，这才有了大数据的积累；有了云计算的应用，这才有了大数据的广泛且有价值的计算分析和开发利用。因此，大数据是网络大发展的产物。大数据的产生、发展和利用，是因为有了网络这个载体与环境。我们研究、利用或宣讲大数据，都是建立在网络载体与网络环境之上的，这一点切不可忘记或忽略。

那么，究竟什么是大数据呢？网络让大数据绽放出了哪些异彩呢？

一、 大数据是可以反复使用的基本资源

许多经济学家认为，支持人类社会发展的资源是多种多样的，但最基本的资源有三种：材料、能源和数据（信息）。材料能够满足人们生存与发展的物质需要；能源可以为人们加工材料的生产活动提供动力，为人们的生活消费提供能量；数据是人们合理利用能源，有效利用材料，满足人们生存与发展需要的经验积累、科学方法和知识结晶。因此，材料、能源、数据是人类赖以生存和发展的最基本的三种资源，缺一不可。我们要像重视能源、材料一样重视数据（大数据）。同时，我们还要看到，材料与能源的使用是会发生消耗的，使用多少消耗多少，总量也会越来越少；而大数据是一种不因使用而产生损耗的资源。它具有不同于材料和能源的三个特性：一是可被反复使用；二是用之不竭；三是在使用过程中会不断增加。因此，大数据是一种越用越多的非自然物质的资源。

在机械化与自动化时代，机械的加工或运动，因为要满足两者的不同速度的需要，往往设有动力系统与传动系统。在使用慢速时，动力系统的转速是相同的（使用能源的数量与快速时是等量的），传动系统把不需要的能量部分消耗掉了。但到了大数据时代，利用大数据直接控制电机的转速，并把电机与使用的装备直接连接，删除了传动系统，把传动系统的功耗（能耗）节约了下来；同时，在大数据的管理下，电动机要快就快、要慢就慢，可以直接适应各种情况，保证能源的合理、节约使用。如电动汽车，把大数据管理的电机直接装在四个车轮上带动车轮转，

加速与减速都可以很快；需左拐时，左轮适当减速右轮适当加速就可；需右拐时原理相同，反之操作即可；在前进中需急刹车时，让车轮电机反转就可以。大数据直接管理使用的动力，可以实现较大水平的节能。因此，我们要全面推广大数据电机（伺服电机）系统的应用。

二、大数据是实现技术创新、 科学发现、 成功创业的特殊资源

大数据是实现技术创新的特殊资源，是"万众创新"的源泉。利用云计算的方法，从大数据中挖掘新的发明、产生新的发现，有两个基本途径：一是从历史累积至今的大数据分析中，寻找事物间发生变化的新的因果关系。俗话说"种瓜得瓜，种豆得豆"，说的就是因果关系。但许多事与事、事与物、物与物的发展，并不只是一因一果这么简单，而更多的是多因一果。在历史的长河中，这种多因一果间的关系基本上已被人们发现并利用，但仍有遗漏，这就为通过对大数据的分析找到这一关系提供了可能。以农业为例，农业是人类社会研究最早、最深的一个产业，但大数据产生之后仍然有新的发现空间，因为影响农业丰收的原因实在是太复杂了。通过对一个地区的天气、水利、土壤、病虫害及农作物丰收歉收的大数据分析，我们就能发现气候与病虫害、天气与洪涝灾害、天气与土壤及作物旱涝等多种因果关系的产生机理，从而选择更适宜种植的作物、更合适的种植方式。二是通过多维度大数据的整合，对大数据进行立体性的综合分析，产生新的发明与发现。古人云"横看成岭侧成峰，远近高低各不同""兼听则明，偏听则暗"，说的都是要多维度、立体型、动态化地看待事物，才能对事物作出正确的判断。涂子沛先生在他的著作《大数据（3.0升级版）》中写道："2014年10月8日，

世界多地出现月全食，全球无数台手机对准天空的月亮，随着咔咔声响，成千上万张照片奔涌到云（平台）上。这些照片从不同的地点、不同的角度记录了同一个物体。天文研究者已经认识到，这些照片如果被整合起来，其对研究工作的意义可能比一台超级天文望远镜还要重大。"因此，通过数据的整合与分析，人们就能发现新知识，创造新价值。大数据是科学发现、成功创业的特殊资源，是新价值、新经济发展的土壤。关于依托大数据与网络的创业，本书已有专门一章介绍，这里不再重复。

三、 大数据是现代管理与现代治理的工具

大数据的管理，推动了人们对事物从数量管理转向数据管理，使管理的数据更加细化了，形成了精准管理、靶向治疗、定量定时滴灌、精准用料、精准打击等新的生产、治疗、作战模式，推动了管理工具与管理方式的创新。

大数据是城市与社会治理的现代化工具。智慧交通、智慧城管、智慧安防（居），实现了城市交通管理、城市公用事业管理、城市治安管理的现代化。网络教育、智慧医疗，推动了社会事业发展的现代化。智慧政务、网上政府，转变了政府的职能，推动了政府的民生服务、企业纳税、市场监管、社会治理、环境执法的现代化。所有这些，都是依靠网络与大数据这个现代化的工具来实现的。

四、 大数据是材料与能源价值开发的主导力量

材料与能源的开发，是同一定的生产方式与生活方式密不可分的。不同时代的生产方式与生活方式，产生了对材料与能源的不同开发利用的结果。现在，人类社会已经进入了网络化的时代，云计算、大数据成

为对材料和能源优化利用的主导力量，主要体现在以下几个方面：一是更科学、更充分地利用材料与能源；二是运用大数据对材料制造的产品进行更好的设计甚至量身定制；三是运用大数据的智能制造方式经济地利用材料与能源；四是运用大数据更好地进行产销对接、制造协同、物流统筹；五是运用大数据对已使用的废弃产品及装备的遗骸进行再开发并循环利用。

五、 大数据是可被依法允许免费使用的资源

一般说来，大数据都是反映内容的，是同内容密不可分的，主要是因描述、记述内容而存在的。这个特性决定了大数据是有主权与权属的，这就是"大数据与隐私"等相关立法的法理根据。因此，俄罗斯等国家专门制定了"数据主权法"，发达国家围绕保护个人隐私、企业商业与技术秘密、国家安全秘密等制定了一系列的法律。同时，为了全体公民的共同利益与进步，根据人民的意愿和意志，国家又可制定法律，允许不涉及隐私、技术与商业秘密，不影响国家安全的大数据可以公开免费使用。一般说来，某个特定年限前的历史性的大数据几乎都是可以被依法允许免费使用的。历史性的大数据、依法公开可使用的公共数据、超过保密期限公开的数据、被技术整合不侵犯各种秘密的数据，都是可依法免费使用的数据。这四类数据累加后，占了大数据总量的大头。因此，大部分数据都是可以通过合法途径获得免费使用权的。这样，就形成了依法免费使用数据、自然人与市场及社会主体之间依契约互换或合作使用数据、在不侵犯数据权属利益与不违反法律的前提下通过技术等相应的方式合理开发利用数据、购买使用数据四种情况。随着法制的完善与数据权属界限的进一步清晰、明确，不同权属数据的依法交易市场将会

被开发出来。

中国是一个具有5000多年文明史与13亿多人口的国家。悠久的历史、众多的人口与辽阔的幅员，注定了中国是世界上最大的数据大国。因此，我们完全可以通过大数据的开发而实现强国目标，并建设数据强国。

第二节　大数据的基本利用方式

人们重视大数据，是因为大数据的利用价值。但是，若离开了开发利用，大数据就失去了其价值与意义。因此，我们必须牢记一条定理：对待大数据，最重要的是开发利用。

如何有效地开发利用大数据？现在的许多书籍与文章都讲得很深奥。从他们写作与研究的角度来说，讲新的、讲深的、讲别人没讲过的，都情有可原。但是，对于大数据的开发利用，还是要用最基本的、最通俗的方式来讲。

万丈高楼平地起，说的是万丈高楼亦是从平地上一砖一瓦砌上来的。因此，勿以善小而不为，积小善可成大德。大数据的利用亦是如此，小"用"也能开发出其应有的价值，总比大数据闲置不用好。据国际数据集团（IDG）统计，2012年，全球对小数据分析工具的投入为349亿美元，而对大数据分析工具Hadoop的投资仅为1.3亿美元，不及前者的1%。因此，国际数据集团的结论是，传统小数据软件满足了企业与组织95%

的需求。笔者认为这个结论是对的，占企业总数 98% 以上的中小企业，基本上用的是小数据分析软件。当然，目前行业发展的最新态势，是"大""小"数据分析工具趋于一体化并向"云"上迁徙。

一、大数据度量方式的开发利用

大数据是精确地描述事物发展的度量工具。作为度量方式，在农业、工业制造、城市公共服务、水利交通工程及安全保障等方面，均可以很好地发挥作用。

（一）有关温度、湿度、浓度等度量大数据的利用

该大数据使用的要求是确保其数据在一定的度量空间限度范围内活动，不得低于下限（底线），也不得高于上限（上线）。如有粉尘的工业制造企业，当粉尘的浓度达到一定限度、温度达到一定高度时，就可能发生粉尘爆燃和爆炸事故。对于这种类型的企业，控制粉尘的浓度与生产场所的温度，就成为利用大数据确保生产安全的有效方法。有关温度、湿度、浓度等度量大数据的利用，主要可用领域有农业种苗繁育、水产养殖、蔬菜大棚作业，还有化学制造、高温高压、易腐易霉等流程工业制造领域，还有供电、供水、供气、供热、供油、地铁等公共服务领域，以及大气监测、污水治理监测、医学人身健康监测等领域。使用度量大数据的目的是保证产品与服务质量、保障公共安全、保障环境安全。

在生产制造与工程运作过程中，要推广应用好"给定性数据保障的安全管理"。比如，在工业生产过程中的"铝粉爆炸"是有必备条件的：一是铝粉尘集聚数量达到每立方米 $30—75g$，平均粒径 $10—15\mu m$；二是存在有效火源，铝粉尘的堆积粉尘和粉尘云最低着火温度分别为 $320℃$ 和 $590℃$；三是存在一定的封闭环境（例如容器、厂房）；四是悬浮粉尘

必须在有氧条件下方有可能发生爆炸。因此，为了防范铝粉尘发生爆炸事故，国家安全生产监管总局于 2014 年专门发布了《严防企业粉尘爆炸五条规定》（国家安全生产监督管理总局令第 68 号），对涉粉尘企业的作业场所和作业规范作出了明确规定。这个规定，对涉及铝制品加工的企业防止铝粉爆燃，严格设定了"给定性数据保障的安全生产管理"各类指标。

（二）流量、流速、容量等度量大数据的利用

该大数据使用的要求，是保证流量进出等相对平衡，流速和容量可控。如旅游景区、歌舞厅、商业广场的人流量，如果超过安全承载能力，就容易发生人员拥堵、踩踏事故。利用大数据对人流量进行计量并预调预控，就可以预防这类事故的发生。再如区域防洪，就是对在一定集雨面积内一定时间的平均降雨量、集雨后形成地表流量的滞后时间，以及集雨面积内不同等高线地形内容许承载的蓄水容量、水库湖泊剩余容量、一定区域内洪水到达水库湖泊前的泄洪量等容量数据的平衡预测。通过预先的精准预测，便可以有效采用调洪、分洪、蓄洪等措施，确保水利工程与人民财产的安全。流量、容量大数据主要使用的领域还有一定区域的交通、物流的调控，企业资金等要素的平衡，金融、商业、进出口的数量与结构的管理等。其目的是确保运营服务的质量、效益与可持续性，以及水利设施工程的安全和资金、要素、物资的安全。

（三）重量、体积（长、宽、高）等度量大数据的使用

在交通运输车辆运载货物时，利用大数据进行管理，可以防止因超重、超长、超宽、超高等超限情形，导致压垮桥梁、损坏隧道、无效往返运输等情况的发生。重量、体积大数据的使用范围主要有：交通隧道、桥梁、地下通道等各类工程设施，各类抗压、抗拉、抗折的物资包装与

堆放，各类建筑设施的利用与设计等。使用的目的，是为了确保有效高效利用，合理并节约利用资源，保障物资与工程的安全。

二、　大数据表达方式的开发利用

就其表达方式而言，可以具体分为文字数据、音频数据与视频数据三类。

（一）文字大数据的开发利用

自从有了文字以后，就有了广泛的使用；当有了计算机以后，各种使用更是突飞猛进。因相关论述已有很多，这里不再赘述。

（二）音频大数据的开发利用

重点是人机语音交互，使人与机器之间的沟通变得像人与人之间的沟通一样简单。语音技术主要包括语音合成与语音识别这两项关键技术。让机器（机器人）说话，用的是语音合成技术；让机器听懂人说话，用的是语音识别技术。此外，语音技术还包括语音编码、音色转换、口语评测、语音消噪与增强等技术，有着广阔的应用空间。如通过语音查找手机电话本中的联系人，现在已被智能手机所采用。科大讯飞股份有限公司，是一家专门从事智能语音及语音技术研究、软件及芯片产品开发、语音信息服务的专业公司，目前已占有中文语音技术市场 50％以上的份额，可以同时为全行业 2000 多家企业提供语音核心技术服务。它创建的语音云平台，用户数已突破 3 亿户。

（三）视频大数据的利用

视频数据非常方便、直观地表现出了物体的图形和色差，因而在物体形态与色彩差异的开发利用上为人们所看重。大数据的可视化，是互联网、物联网服务于客户的常用方式。此外，视频大数据还可以在人机交互中被利用，主要有"视频大数据识别技术"与"视频大数据行为指令调控技术"。

对视频大数据识别技术的利用例子是手机刷脸。2015年3月16日，阿里巴巴董事局主席马云先生在汉诺威消费电子、信息及通信博览会开幕式上，为与会嘉宾演示了蚂蚁金服的 Smile to Pay "刷脸"技术，为嘉宾从淘宝网上购买了1948年汉诺威纪念邮票。这种人脸识别是一项融图像处理、生物特征分析等相关技术于一体的身份识别技术，已经被公认为"互联网＋"时代实现信息安全认证的一项重要技术。南京理工大学是首个向金融领域提供人脸识别产品的高校。他们研发的人脸识别系统组合了40多种算法，可以采集人脸的80多处特征。同时，他们与警方和银行合作，获得了大量的人脸图像进行实验。该产品每1.5秒可以识别3000—4000张人脸，在正常的实验环境中，准确度超过98％。

智能手机的人脸摄像识别在线支付，是由互联网金融云平台与智能手机共同完成的，其过程大体有三步：第一步，智能高清手机为客户拍摄人脸视频，即"刷脸"；第二步，将客户人脸视频传至互联网金融云平台，互联网金融云平台根据客户的手机号，调出数据库中的客户人脸视频进行比对与确认；第三步，确认后进行在线支付。每张人脸视频约有600个大数据及其不同的分布结构，具有极强的排他性。比对的精准性与先进性，是现有金融机构所有辨识确认客户身份的方法所不能比拟的。

视频大数据"机器行动轨迹指令调控"，指的是智能机器的行动轨迹可由动态的有规则图形的视频大数据来描述、监管与调控。具体应用的例子是残疾人助动车。利用残疾人助动车上的高清探头，当残疾人向前挥动一下手臂时，助动车就开始向前行进；连续向前挥动手臂时，助动车就加速；手掌做"下按"动作后，助动车就停止前进；向后挥动手臂时，助动车就后退；向右挥动手臂时，助动车就向右转弯行驶；向左挥动手臂时，助动车就向左拐弯行驶。在这里，残疾人的手臂或手掌的摆动轨迹的视频数据，就是助动车"行动轨迹"的"调控指令"。

视频大数据的识别定位与调控的应用是一个重大突破，为无人机、无人智能自驾汽车、采茶机器人、手术机器人的使用开拓了空间。其价值在于，通过业务互联网云平台与高端机器人的配合使用，通过文本、音频特别是视频大数据的利用，一是可以精准地感知、检测、识别、鉴别，如对采摘的茶叶或手术摘除的病灶进行精准识别；二是可以精准地定位采茶工具、手术工具的运动路线、运动方向和动作目标，使采茶机械手不会搞错其运动轨迹，手术机器人不会错误调控手术刀的运作；三是具有精准、及时的防范与纠错功能。

大数据的基本利用方式是普遍使用的方式，可广泛使用在农业种植、养殖、工业制造、水利与地铁运营项目管理、智慧家居等领域，我们不能等闲视之。大数据的价值在于利用，大数据的大价值在于农业、工业和传统服务业中的使用，我们要为之努力。

三、 累积性大数据与整合性大数据的再利用

这是最能体现大数据利用的时代特征和技术特征的一种利用。

累积性大数据的利用，也可以是某一表达方式数据的累积性利用，如视频大数据的累积性利用。现在许多城市成立网络刑侦支队，他们对在逃的刑事犯罪嫌疑人与暴力恐怖分子的网上追踪，往往利用嫌犯的照片，与本地各城市的道路、车站、机场、商场、酒店、银行、码头等不断采集的人像视频进行比对，并利用各类累积性视频数据与云计算挖掘技术进行"大海捞针"，从而发现信息或线索，再继续跟踪累积数据（证

据），最后通过视频等数据确认锁定嫌犯。

整合性大数据的集成利用方式，是指"多种数据表达方式的数据整合、跨界业务数据整合之后再进行新的分析"的利用方式。这种方式的利用特点与优点在于，当数据整合到"n"大的数据量（数据海）时，将会产生意想不到的利用功能。如"对客户的大数据信用评价"就是这样产生的。再如，当移动互联网对商业与金融服务等进行跨界整合时，其客户端主要是"网络居民"；但当"移动服务 APP"被开发出来，并被集成到智能手机上应用之后，其客户端已迅速扩展到了"网络居民""网络移民"，甚至是"网络难民"。

整合性大数据的集成利用，有利于"微创新"，有利于大众创业，是推动"大众创业、万众创新"的力量。

第三节 大数据在管理、治理与服务创新中的作用

一、大数据在管理创新中的作用

（一）在单个企业生产或制造过程中的管理创新

大数据在物联网生产或制造企业中的管理创新，主要表现为对产品制造的优化管理和对企业生产制造过程的精准管理。

1. 对产品制造的优化管理。

物联网企业的产品生产制造过程是全部实现大数据管理的。每个产

品在制造过程中，大数据都对其制造环节进行了细致的实时记录。当出现次品时，在线检测的大数据就实时传给云平台，云平台马上通过云计算找出导致产生次品的数据，并调整修改原有生产管理的数据。这就可以杜绝次品的再次产生。

2. 大数据在企业生产制造过程中的精准管理创新。

在全面实施大数据管理的物联网企业中，制造产品原料（含辅料）供应、水供应、能源供应与使用，全部由大数据来管控进行，可确保既满足使用，又不造成浪费。在加工制造环节，通过大数据对加工工艺所需的时间、温度、压力、匀度、速度、准度、精度等进行管控，既可确保产品品质，又不浪费油耗能耗。通过在线实时大数据对产品检测与包装管理，既可确保产品合格、包装合格，又可杜绝次品混装其中。通过大数据对整个加工过程中产生的废料、废水、余温、余压再利用进行管理，既可提高材料、能源、水资源的利用效率，又可防止污染环境。

3. 大数据的企业管理，还促进了企业的组织创新。

首先，大数据的管理为企业生产一线使用智能机器与机器人创造了条件，不少企业的生产一线岗位已不再使用人工。其次，物联网的制造全由大数据云平台管理，导致生产管理岗位人员大幅度减少。最后，企业产品设计岗位、监管岗位、售后技术服务、在线服务的岗位又进一步得到增加。这些都导致企业的组织结构、架构发生变化。因此，大数据的管理，促进了企业组织架构的扁平化，设计、制造与服务流程的一体化，制造企业与高技术服务企业的一体化。

（二）对企业之间业务的协同管理创新

随着国际分工与市场分工的深化发展，产业链的专业分工越来越细；随着消费水平的升级，消费市场的细分亦越来越重要。同时，在细化分工基础之上，企业之间的横向或纵向的合作亦越来越普遍。因而，十分需要一种工具或手段，把这样横向或纵向的合作有机地协同起来，以减少不协同的损失与加工进度失衡的损失。由此，产生了大数据在不同地区、不同企业间的协同管理平台及相应的管理模式。

企业间的大数据协同，是一般协作的深化、细化与精准化。它是由大数据协同平台进行有效计划、定量、定进度管理的一种新的管理模式。这是一种现代化的管理工具、管理手段与管理制度相融合的管理模式。这种管理模式，就其管理工具而言，就是大数据的云管理；就其管理制度而言，就是依照各方确认的依约、依规、依标准的管理。

大数据的协同管理创新，有着丰富的内容。就装备总装龙头企业与各配件、组件、模块件以及软件开发企业之间的协同管理创新而言，可以包括下列内容：（1）对新产品进行协同设计，即在统一要求与标准前提下，总装企业负责设计总图，配件企业等负责设计配件图，然后进行模拟集成修改、完善、定稿，接着进行加工图的具体设计；（2）对生产的数量、质量进行协同管理；（3）对组装的进度与配件生产的进度、运送时间进行协同管理；（4）对组装的地点与销售市场的区域进行协同管理；（5）对相互间的结算进行协同管理；（6）对总装与分装制造的企业信用进行协同与统一公正评价，形成优胜劣汰的激励机制。

大数据的协同管理，具有明显的创新性、优越性。首先，云平台的大数据协同管理，使过去难以想象的百家、千家、万家企业终于能够在一个大数据平台上协同共舞，实现了原有管理范围、管理半径的重大突破；其次，使跨地区、跨国家、跨领域、跨专业、跨时空的生产、营销、技术与工程服务得到了实现；再次，使数以千万计的企业的生产经营行为从无计划变为有计划。过去，即使同一个跨国集团内部，也无法对在不同国家的下属企业实现有计划的、实时的、精准的管理，而现在却可以轻松地做到了。

大数据协同管理，对培育一个地区的产业优势、做强产业链意义重大，值得重视。我们可以利用大数据协同管理的平台，对本地某一产业链的优势、不足、前景进行大数据的分析评估，对优势产业培育方案与计划的编制及可行性、经济性、可达性进行评估分析，对做强产业链各项举措的可行性、实效性、科学性进行大数据评估并及时进行完善，可以促进上下游企业协同做强产业链。这样，就可以把培育优势产业、做强产业链的工作做得更精准、更务实、更有合力。

（三）对全程与全面监督管理的创新

据 2015 年 1 月 24 日网通社消息，英菲尼迪轿车 QX60 轮毂存在隐患，需要召回。网通社从中国质检总局官方网站获悉，自 2014 年 8 月 12 日起到 2014 年 10 月 6 日止，在中国销售的英菲尼迪 QX60 轿车共 48 辆。英菲尼迪中国客户服务中心明确：召回计划于 2015 年 1 月 27 日启动，并授权 4S 店经销商以电话、短信等方式通知车主，实施召回。

看了这个消息，有的人或许会有这样的疑问：为什么一个国家购买 QX60 的车主名单会一目了然？为什么中国质检总局对英菲尼迪 2014 年 8 月 12 日至 2014 年 10 月 6 日期间在中国销售的 QX60 轿车就锁定在 48 辆？

这就是大数据监管的魅力！大数据监管的特点：一是全程的监管，即对产品全过程、全生命周期的监管，也就是以产品为单位，从产品设计、生产、销售、使用，到转让过户、维修、报废的全过程，都建立了"产品全生命周期档案"；二是全面的监管，即对每个产品的生产原料供应主要来源、主件与配件的生产者及生产过程、硬件与软件的开发与开发者、产品的检测与检验者、产品的包装与包装者、产品的运输及承运者等，无一遗漏地进行监管，记载在云平台；三是可细化追溯并追责，即当产品出现瑕疵时，可以追溯到产生瑕疵的每一个产品、每一个产品硬件与软件及其形成瑕疵的原因、每一个导致瑕疵的责任人员；四是可实行准确的召回计划，并制订解决问题产品的方案；五是可以有针对性地进行整改，采取完善生产加工工艺等举措，确保今后产品的合格与优质。

大数据的监管，可应用的领域很广，包括可用于企业的产品质量与安全的监管，也可以用于对客户的信用评价与服务，还可以用于城市的公用服务行业、生态环保监管等方面。

大数据的监管，同时也催生了大数据服务的新业态。一批依托大数据服务的企业逐渐成长了起来。如为客户提供电子数据法律证据服务的杭州"安存科技"公司、为自己信贷业务与客户提供信用评估服务的阿里巴巴公司、为客户提供城市空间数据服务的"七巧板"信息科技公司，还有为市场投资提供咨询服务的大数据投资咨询服务公司等等。

二、 大数据治理模式的创新

大数据的管理或治理，与传统管理或治理相比，具有更精细的管理基元、更先进的管理技术、更好的管理平台；如果与更先进的管理文化、管理体制配合，就能形成更先进的管理或治理模式。因此，大数据是现代管理或现代治理的工具。现代的管理模式或现代的治理模式，除了要使用大数据这个现代管理或现代治理的工具外，还需要符合国情的先进管理或治理的文化、体制与实施体系。

相对于传统管理而言，大数据这个现代管理或现代治理的工具有其不同点：一是管理的基元不同。传统管理的基元是对事物的数量管理，而大数据是对事物细分之后的元数据管理。因此，大数据管理是更精细的管理。这种精细管理推动了诸多精准应用的模式创新，如精准用药、精准打击、靶向治疗等。二是管理的内涵不同。传统管理主要是"文字数据"的管理，而大数据管理除"文字数据"形式之外，还有"音频数据""视频数据"等。三是管理的方式不同。传统管理的方式主要是"簿记方式"，即以账本（册）的方式来进行。大数据的管理方式是"电子化""无纸化"。四是管理的技术不同。先进的网络技术能够把跨地区、跨行业的数据实时地集中在一起，实现实时在线的大数据管理；而传统管理的数据是难以跨过一定的"时空半径"的，且数据的汇集是延时的。大数据管理具有"n＋n"的实时、在线与大集成的优越性。五是管理的能量不同。从管理的载体看，人类历史从大的方面划分，已经经历了"簿记方式＋算盘运算方式"的阶段，也经历了"数字化＋电脑管理方式"的阶段，现在进入了"大数据（云存储）＋云平台计算方式"的阶段。相对于算盘与电脑而言，云平台的计算能力与管理能力的先进性是不言而喻的。

可喜的是，大数据这个现代管理与治理的工具已经被各界广泛重视起来。各级政府的管理与服务正在向"网上"迁徙，新一代的"电子政务"正伴着政府自身的改革陆续地投入建设，以大数据、云计算平台为基础的城市交通治堵、社会治安、环境治霾、区域治污（水）等工程也在启动建设。我们有理由相信，在中国特色社会主义理论尤其是习近平总书记系列重要讲话精神等先进治理文化指引下，依靠全面推进法治建设与全面深化改革形成的现代治理体制的优势，我们使用好网络大数据这个先进的管理与治理工具，脚踏实地，久久为功，从每件群众关注的事做起，从每个企业、每个乡镇、每个县、每个城市做起，就一定能实现治理体制与治理方式的现代化。

第四节　建设制造强国、保障健康与绿色发展

一、保障健康与建设制造强国的紧迫要求

在全国基本实现小康、经济进入新常态、材料能源供应矛盾进一步凸现的背景下，保障健康与绿色发展的任务日益紧迫。

从全国看，90％以上的人口开始过上了基本小康与全民小康的生活。人们除了要继续满足日益增长的物质与文化需要外，还要满足日益增长的健康需要。满足人们的健康需要，要重视发展健康产业，但最基础的还是需要健康的生活环境，包括呼吸清新的空气，喝干净的水，吃放心的食品、药品，住在青山绿水、美丽的城市或乡村之中。

从适应与引领经济发展新常态的角度讲，保障人民健康、绿色生态，发展生态环保产业、健康产业，具有巨大的机遇与空间。因此，要高度重视生态环保产业、健康产业的发展机遇，并充分地加以统筹利用，努力实现"一举多得"的目标！既能保障人们健康，不断改善生态环境，又能促进经济结构调整，还可以推动产业向中高端发展，最终能满足人们的健康、环保需求，实现消费升级、投资升级与出口升级。

从缓解材料与能源矛盾的角度讲，最大的潜力还是在于节约与合理利用，最好的出路还是在于走绿色发展之路。节约与合理利用材料与能源潜力巨大，走绿色发展之路前景广阔。2012 年，习近平总书记亲自关

心了"舌尖上的浪费"。当时就有资料表明,一个13亿多人口在食品消费环节的浪费,就可以供应2亿人口吃一年,浪费比重将近六分之一。农业耕作中过度施用化肥与农药,其浪费的平均水平也不低于20%。工业生产加工制造过程中,平均浪费的材料、燃料、人工与财务成本也不会低于20%!农业耕作、工业加工、城市交通等领域的浪费,增加了环境处理的工作量与成本。实践证明,杜绝资源与能源的浪费,提高材料、燃料的利用水平,是确保绿色发展的源头,是保障人们有健康生活环境的治本之策。

贯彻《中国制造2025》,目标是建设"制造强国"。制造业是立国之本、兴国之器、强国之基。但现在许多人是"谈工色变",认为工业就是污染的代名词,恨不得一天就把本地的工业全部砍光。究其原因是旧型工业化惹的祸!旧型工业化的确带来了资源的过度消耗、环境的污染与各种社会矛盾的凸显。旧型工业化道路,我们的确不能再走下去了。

建设制造强国必须走新型工业化道路,必须走以大数据为中心的智能制造,对制造品进行全生命周期的跟踪服务、全程管理并实现遗骸再利用的路子。通过大数据数字化的制造,精准地利用材料与能源,实现"零排放"的绿色制造;通过大数据对制造品的服务,提高利用寿命;通过大数据对制造品全生命周期的跟踪管理,实现废品与遗骸的回收再利用。只要我们全面推广数字化的产品设计、数字化的智能制造与对制造品的大数据全生命周期的管理与服务,我们就一定能破解建设制造强国与生态发展之间的"死结",打造绿色的制造强国。

由此看来,保障人们有健康的生活环境、推动绿色发展,必须从节约与合理利用资源与能源这个源头抓起;必须加强对新的投资项目的管理,切断继续污染的增量;必须加强对已污染环境的治理,不断减少已有污染的存量；必须加强治污责任制的落实，使各市、县、区各负其责，不向下游交付劣质的水，不让群众呼吸污染的空气，不使本地有不适合种植的土壤，不让影响健康的食品药品上市。

要做好上述各项复杂的工作，要有坚强的领导与决心，要有法制保障，要有人民群众的广泛参与，还要有可以有效管理、治理监管的现代技术，这个现代技术就是大数据管理技术。

我们要充分地用好大数据的管理技术，确保健康与绿色发展，加快美丽乡村、美丽中国的建设进程。

二、 发挥大数据在绿色发展中的作用

美丽乡村、美丽中国建设与绿色发展是完全一致的，并深刻诠释了"绿水青山就是金山银山"的丰富内涵。我们要利用大数据，从源头治理抓起，一步一个脚印地推进绿色发展与美丽乡村、美丽中国的建设，保障人们的健康。

（一）充分应用大数据实现企业"零排放"

要致力于推广利用大数据到企业的管理与企业的智能制造。在企业开始制造之时，大数据可以确保原料与辅料的精准投放，不滥用多用原料与辅料；在加工过程中，大数据可以确保精准用水、用电、用能，节省并合理地利用好每一滴水、每一度电、每一斤煤、每一升油；在加工的后期，大数据可以精准地收集废料、废水、余热、余压，并进行精准的处理，做到能循环利用的就再充分利用，实现"零排放"。

农业作业采用大数据管理，可以精准给肥、用药，杜绝"面源污染"。比如使用化肥与农药，可以通过根部滴灌、喷施叶面肥、喷雾式施放农药，实现精准施肥、精准给药。这既能节省成本，又能防范污染。

这也可以用于动物治疗方面，如靶向治疗与精准给药。

我们可以设想一下，如果我们的企业全部使用了大数据管理，那么通过精准用料、用药、用能、用水的控制，就可以实现"零排放"。

（二）利用大数据对区域的开发进行管理，彻底卡住污染的增量

杜绝新的投资污染，是我们要努力解决的重大课题。重要的是通过体制创新，建立起服务清晰、管理依法、公开透明的投资准入等管理制度，建立起大数据管理的投资管理服务体系，从源头上控制新污染，促进美丽中国建设。根据政府的职能与底线思维的要求，政府对投资的管理"保底线"的任务就是保障环境与公共安全。为此，"服务清晰"的投资准入制度，要守住三条线：

1. 具体细化的禁止开发、限制开发、优化开发、积极开发的区域空间布局规划，这是高效使用土地等要素资源与保护环境的界域线。这也是保障相邻区域百姓健康生活的安全线，是政府、企业、居民可持续发展的共同保障线，要作为一切投资活动及生产、生活的总依据，谁亦不能突破。十二届全国人民代表大会第三次会议通过了修改《立法法》的决定，授予所有设区的市立法权，首先就应该通过立法的形式，把这个"总依据"确立起来。

2. 以禁止、限制、优先、积极开发的区域年度污染排放总量为上限与上线，建立行政隶属区域领导班子的责任考核线。对环境保护任务完成、区域排放限量控制考核好的，要通报表扬；没有通过量化考核、数据超越上线（上限）的，要问责。年度考核的责任指标线实行动态的、可预知的逐年下降。

3. 根据禁止、限制、优化、积极的分区域开发的空间区域规划、分区域排放总量及环境安全要求，制定新投资项目的排放标准准入底线。

这个底线是最低的准入"红线",一切高于准入红线的新投资项目都应被列入禁止范围。同时,建立环境排放容量交易制度,允许关闭、淘汰出来的排放量有偿交易使用,但每五年与当年的总量上限与每个投资项目的准入标准下限均不准突破。同时,建立完善投资管理等公开制度,将上述准入标准和投资项目的用地、用水、用能、安全等情况全部公开,接受社会监督。

此外,要改进完善管理执法体制。对于投资情况,实行全面依法监管、投资项目全生命周期过程监管,依法严格查处超排放标准底线的各种违法行为。

建立并完善大数据的投资审批管理平台与服务体系。要把上述各环节都纳入大数据管理与服务平台中去,以实现精准的管理与服务。既要确保环境保护与公共安全,又要确保合法投资的权益。这样,投资服务清晰的准入红线、管理依法的投资体制、公开透明的可预期数据化的投资服务,三者之间的有机协同,就可以从源头上控制新的投资污染。

(三)加强大数据监管,确保污染治理任务与责任的落实

1. 建设大数据自动检测水、空气、土壤等的监测监管工程体系。制定大数据自动监测装置统一布局的规范标准,保障监测的密度,确保环保监测工程的科学性、可比性、公正性与权威性。采用先进技术装备,推动监测装备的数据自动采集、自动报送、自动上网公布,公平地接受人民的监督评判,促进污染治理。

2. 加强对企业的污染状况在线监管。充分利用物联网,建设对每个企业 24 小时 360 度的不间断监测工程。要提升对企业监测的技术水平,做到监测可自动随机取样、监测数据可实时自动传输、监测数据无法更改、排污预警可及时提示、违法排污证据可自动原始保存、违

法行为可自动报警、违法处罚可规范评价并分级联网向相关方面实时通报。确保每个企业尽好"零排放"的职责。

3. 加强对村、乡（镇）、县（市、区）、设区市治污履职情况大数据的考核。要通过河流断面的物联网大数据监测、分行政区域的环保物联网的分区监测及上一级跨区域的科学监测，建立完善环境状况的在线实时自动报告、按统一规定的标准自动公告等制度，完善评价规范，实行评价公开，促进各地自觉治污。要结合大数据监测，建立健全对各地治污工作的激励与约束制度，完善约谈、问责、严重失职追责制度，解决好各行政区域"治不治污一个样，治好治坏一个样"的问题。

4. 充分发挥大数据监管幅度大、精准程度高、适应复杂环境与跨界能力强等优势，建立健全食品药品的监管体系，并切实完善相应的法律与制度，坚持实施从严管理与严格执法，这样就一定能够使人民群众健康水平日益得到提升。

第六章

谋取互联网与物联网的双重红利

能否正确区别对待并利用好互联网与物联网，是关系到能否用好网络化大变革机遇的大问题。在思想认识上，不能以互联网简单地等同代替物联网；在工作实践中，要从我国区域生产力发展差别大的实际出发，谋取互联网与物联网应用的"双重红利"。因此，这个问题有必要进行专题讨论。

第一节　互联网与物联网的利用要从实际出发

我们要正确、深入理解 2015 年国务院下发的《中国制造 2025》与《国务院关于积极推进"互联网＋"行动的指导意见》的设计、布局、用意和内涵，扎扎实实地推进制造强国建设与"互联网＋"行动。

这要从我国区域生产力发展差别较大，目前网络应用困难较多，以及中小企业需要重点推广应用等实际出发，来考虑互联网与物联网的开发利用。

一、 从实际出发， 并重利用互联网与物联网

现代的网络是云、管、端为一体的网络，而不能是缺"云"、少"端"、没有"大数据应用"的网络化。

如果严格从大数据、云计算的普及应用角度看，我国的网络化还处在初级阶段。主要是因为绝大多数企业，尤其是中小企业，以及政府机关、学校等社会组织，其信息化水平仍处在缺"云"、少"端"、没有"大数据应用"的阶段，基于云平台开发的企业自动化控制系统、社会管理信息化系统和政务信息化应用系统还少之又少。因此，我国的网络化进程，需要做大量的耐心细致的工作，需要一个由浅入深、由易到难逐步积累推进的过程。

我国的网络化应用还处于严重的不均衡状态。就互联网业务而言，

我国已有 6.49 亿网民，[①] 电子商务与互联网金融、互联网社交、新媒体等领域发展快速。但在农业生产、工业制造、环境保护工程等领域及中小企业应用等方面还相当落后，差距很大。

此外，网络化的市场需求巨大与供给能力不足的矛盾突出。高端芯片、传感器、高端机器人依靠进口，且需求量逐年加大，严重影响了信息产业的发展，同时也制约了第一、第二、第三产业的转型升级。

面对处于网络化初级阶段的实际，我们要保持网络化的定力，根据我国的实际开发互联网与物联网，使互联网与物联网的利用均有其相应地位与价值。对于中小企业、学校、社会组织及重点工程来讲，从物联网的应用切入相对简单，干部群众更易接受，不必担心数据与技术、商业秘密的安全，且不影响今后数据的互联发展，可以说是一个不错的策略。同时，对于大企业、网络科技型企业、政府而言，可以先行一步，重点发展各种大数据的互联网业务，建立云平台，主导跨界新型商业链协同运作的业务。这样，可以使互联网与物联网发展与利用开发相得益彰，交替互促发展。

再从制造业网络化的推进策略看，循序渐进，做好互联网与物联网的具体适用工作，也是必要的。从德国的工业发展来看，他们大致上把机械工厂的蒸汽时代划为工业 1.0，把工业流水线生产的电气时代称为工业 2.0，把工业应用信息技术的自动化时代称为工业 3.0，把应用信息物理融合系统（Cyber－Physical System，CPS）的网络化时代称为工业 4.0。而从我国工业的现状看，我们的工业是四者并存，但大多数处在工

---

① 参见中国互联网信息中心（CNNIC）：《第 35 次中国互联网络发展状况统计报告》，2015 年 2 月 3 日发布。

业 2.0 与工业 3.0 这两个发展阶段。因此，如果借鉴德国的经验，我们的策略是，现阶段应该加快推广"智能制造"，同时对工业 4.0"加强示范"。"十三五"期间，要把工作的重点放在主攻"智能制造"和物联网应用上。"十三五"后期及以后，再把工作重点放在"智能制造的提升"与工业 4.0 的"应用推广"上。

二、不可忽视中小企业 "内用物联网、 外用互联网" 的实际利用方式

抓网络应用要抓到企业。经济与社会的发展是市场主体与社会活动主体的发展，离开了亿万企业与亿万人民群众的实践活动，只让少数人"玩"网络是错误的。

推动企业使用互联网与物联网是我们的主要任务，推动占企业总量98％以上的中小企业及个体工商户使用互联网与物联网是我们的重点任务，这是关系到转型升级全局的关键！

表 6 - 1　全国各类市场主体分类表

类　别	实有数	同比增长（％）	占市场主体总量的比重（％）
各类市场主体（万户）	6932.22	14.35	
注册资本（金）（万亿元）	123.57	27.70	
其中：1. 各类企业（万户）	1819.28	19.08	26
注册资本（金）（万亿元）	123.57	27.55	
2. 个体工商户（万户）	4984.06	12.35	71.9
资金数额（万亿元）	2.93	20.57	-

资料来源：国家工商行政管理总局网站，截止时间：2014 年 12 月

表6-2 浙江省各类市场主体分类表

类 别	实有数	占市场主体总量的比重（%）	占企业总量的比重（%）
各类市场主体（户）	4207360		
其中：1. 各类企业（户）	1270520	30.40	
规模以上企业（户）	39806	0.95	3.13
大型企业（户）	592	0.01	0.05
中型企业（户）	4485	0.11	0.35
小微企业（户）	34729	0.83	2.73
2. 个体工商户（户）	2869430	68.20	

资料来源：浙江省工商局、浙江省统计局，截止时间：2014年12月

中小企业与个体工商户利用网络的方式值得关注，他们往往采用"内部使用物联网＋外部在互联网电子商务平台开网店"的方式。这是一种比较经济合理的方式。小型农场、中小型加工企业，以及一些酒店、饭店等都是如此。酒店、饭店的内部空调、供电、供水、采暖、物业、安保等，利用物联网进行管控；订餐、订房、订票的服务则加盟到"旅游商务"的专业平台，利用网店进行宣传即可。中小型工业企业的制造，更是普遍采用这种物联网的方式。企业主出差时，想要了解企业的生产情况，用智能手机通过互联网连接到工厂云平台（企业中央控制室）即可，没有必要直接连接到每台机器或每个机器人。在企业内部使用物联网，还有利于保障生产系统的安全，可避免企业外部乱下指令的情况发生，还有利于阻碍外部网络病毒感染及网络攻击。

有人非常关心"产业互联网"，认为中小企业"内用物联网、外用互联网"不合乎"产业互联网"的标准。其实这是个误解，关键在于企业内部数据的传输。中小企业"内用物联网、外用互联网"，同样可以使数据

的传输保持企业内部与外部的联通。需要时，只要将企业内部的网络与企业外部的网络像自来水"阀门"那样"对接"，传输数据就可以接通了。在实际利用中，多数企业的内部智能制造物联网并不需要一天 24 小时都保持与企业外网的连接，只要在传输外部设计的电子图纸及相关业务时能够联通外网就可以了。

网络对所有企业的融合覆盖的百分比，是衡量信息化和工业化深度融合的重要指标。融合覆盖的百分比越高，说明企业转型升级的进度越快。因此，网络对中小企业与个体工商户的融合覆盖，是信息化和工业化深度融合覆盖的难点、重点与焦点。我们不能也不应该放弃占企业总量 98％以上的中小企业与个体工商户的信息化与网络化。要把主要精力放在中小企业与个体工商户的信息化、网络化这个"大头"上。要在中小企业与个体工商户中大力推广自动化生产、物联网作业和互联网营销。

三、着力形成 "服务业使用互联网、 生产制造使用物联网" 的格局

从产业利用的实际情况来看，互联网主要用于服务业，物联网主要用于农业的生产过程、工业的制造过程，以及服务型企业内部装备的运行管理。因此，我们要分不同领域，有重点地推广互联网与物联网。

从现有情况分析，互联网的利用领域广泛，主要用于商务、金融、文化娱乐、新媒体等服务业，新型商业链跨界协同平台，技术创新与大众创业，大数据服务，民主政治以及社会治理六大领域。

物联网的利用重点，是占企业总量 98％以上的中小企业与个体加工户的智能生产、智能制造过程。因此，要大力普及智能制造小组合、智能制造生产线、智能制造车间和智能制造工厂。这四种形态的智能制造

均属于泛义的物联网制造。物联网的应用推广，可推动我国装备制造业升级，把企业在用的纯机械装备改造为可联网的、智能的装备，把我国的网络化成台成套装备制造业搞上去。这也可以开拓我国各类可联网的智能装备的替代进口市场，改变高端重要装备过多依靠进口的状况。这还可以把物联网的利用与转变农业耕作方式、工业制造方式、服务业内部管理方式结合起来，在转变发展方式上真正迈出实质性的步伐。

应该明确，当前提倡大力发展智能制造与今后全面推广工业4.0是不矛盾的。智能制造是工业4.0的基础，工业4.0是智能制造的升级。所谓工业4.0，就是一个数字化（云）、网络化（企业内部制造与外部服务的互联）、智能化（制造终端智能化、客户服务端的移动化）为一体的体系。简单来说，在智能制造的基础上，再加上企业外部的服务互联网络与客户终端，就是工业4.0。先"智能制造"后"互联服务"，分"两步走"，就可以实现一个利用大型企业或主导商业链运营的云平台企业的工业4.0。

还应该明确的是，在一个新型商业链体系中，主导工业4.0的云平台企业是少数，多数的产品设计企业、部件与模块件制造企业、物流及配送企业都是这个新型商业链体系的参与者，都只是"智能制造"或"在线服务"的其中一个组成部分。除主导新型商业链运作的云平台企业外，每个参与企业只要具备"智能制造"或"在线服务"的功能就可以了。

物联网制造即智能制造，是第三次或第四次（不同的国家或学者有不同的划分）工业革命的主要内容。利用物联网重振工业制造业，是2008年国际金融危机以来各发达国家的共同选择。美国的再工业化、从德国扩展到欧盟的工业4.0、中国制造2025、日本的工业机器人，其目标取向都是工业的智能制造，都是利用网络信息技术加快工业化的升级，打造升级版的、网络化的工业制造强国。

因此，我们既要高度重视互联网的开发、应用与推广，用好这个重要的载体与抓手，不能有任何的松懈；又要高度重视物联网，尤其要抓好面广量大的中小企业与个体工商户的物联网应用推广工作。

互联网与物联网的价值在于应用。我们应该沉下心来，不争论，重实用，真正利用好实际应用互联网与物联网的机遇。

第二节　互联网与物联网在开发利用上的异同

要并重开发、应用和推广互联网与物联网，必须正确了解物联网与互联网。但要把物联网与互联网的开发区别开来，还真不容易。因此，很有深入探讨的必要。

一、 互联网与物联网的异同

（一）相同的方面

1. 都是"云、管、端为一体互联"的网络架构。不管是互联网，还是物联网，都是"云、管、端"三者"互联"的，都是通过"云管理的智慧、管的数据传输、端的智能"三者集成为一个体系开展工作的。

2. 不管是物联网的"端"，还是互联网的"端"，都有固定和移动两种形态，都有智能与非智能两种区分。

3. 不管是物联网，还是互联网，通常都把是否具有云平台作为衡量服务水平高低的标准。在高水平的互联网或物联网中，都把大数据云存储与云计算平台作为整个网络体系的管理与控制的核心。

（二）不同的方面

1. 一般形态。

物联网互联的网架主要是厂区、库区、场区等局域网，而且许多是专用局域传感网，虽然也与电信骨干网相连，但通常以局域网或局域专用网为主来开展工作；互联网工作所依托的网络，完全是跨地区、跨国的电信骨干网。

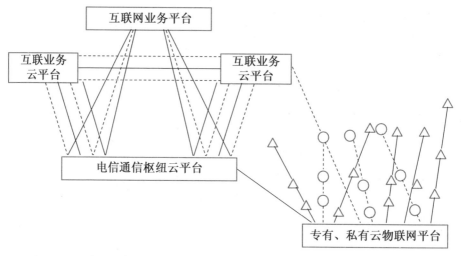

注："△"表示固定终端；"○"表示移动终端；"----"表示无线宽带通信管线；"——"表示有线宽带通信管线；"☐"表示各种网络平台。

图6-1 电信通信网络、互联网业务网络与物联网应用网络关系图

从图6-1中可以看出互联网业务网络与物联网应用网络是不同的，它们之间的关系如表6-3所示。

表 6-3　互联网与物联网在一般形态上的区别

类别	云	通信线路	与电信通信网的关系
物联网	专有云（如城市交通云）	局域网	不同云、不同端，不完全同网
	私有云（如企业制造云）		
互联网	业务公有云	广域网	同网、同端，不同云

2. 应用方式。

互联网的应用格式是："互联网＋业务（服务）"。如"互联网＋商务"，就是"电子商务"；"互联网＋电子钱包付款"，就是"在线支付"，是"互联网金融"的一种；"互联网＋音乐"，就是"在线音乐"，属于"网络文化服务业"的一个品种。

物联网利用的标准格式是："作业类别＋物联网"。如"设施农业＋物联网"，就是"农场物联网"，属于"精准农业物联网"的一种；"千岛湖库区管理＋物联网"，则称为"千岛湖水库物联网"，属于"水利工程物联网"的一种；"钱塘江流域断面水质检测＋物联网"，则属于"河流在线实时检测的环保工程物联网"。

3. 应用对象。

互联网的标准服务模式是："云＋管＋客户端"。互联网的"端"是"客户端"，服务对象是人，往往与人的行为、人的需求、人的体验联系在一起。虽然互联网互联的终端表面上是智能手机等，但其实质是人，所以现在越来越多的人称互联网的"端"是"客户端"，而一般不再叫"移动终端"。比如网购，购物者是人，购买的是满足人需求的物品，快递配送到达目的地后也是人来取物；在线支付，支付的是人的私人电子钱包，是要输入个人的密码、本人签证才能支付的。

物联网的标准模式是："云＋管＋器物端"。物联网的"端"是"器物端"，是可以通信的物体、机器与机器人。服务的主要对象是企业、机构与法人单位的生产、制造与工程的管理，是大量的从事农业、制造业、服务业的中小企业。

4. 中小企业的服务需求。

中小企业的利用模式是："外"用互联网公共云平台采购或销售产品与服务，"内"用物联网进行生产、加工或工程管理。为了更经济合理地利用网络，中小企业与跨国大公司利用网络的模式并不相同。比如浙江众多的制衣、制鞋、制袜的中小企业，其产品销售往往是借助一些现有的网络商务平台开展，这样比自己建设网络销售平台更加节省成本；而在企业内部的制造环节，他们更乐意采用"机器＋机器人"的智能生产线等物联网制造的模式。

5. 主要的业务与内容。

互联网的业务，主要在服务业等领域，包括商业（商务）、金融、文化、家政、旅游等服务业，也包括技术成果交易、土地使用权交易、工程装备租赁、职业资格培训等知识与技术型的服务业，是把传统服务业改造成现代服务业的重要引擎。物联网的业务，主要在生产、制造与工程监管领域，主要包括农业生产、工业制造、工程监测等。

6. 业务与内容的本质。

互联网业务的本质与核心，主要是促进经营方式、服务方式方面的转变，是推动服务方式变革的力量；而物联网利用的实质则是管理方式、生产方式的变革。根据大部分中小企业与个体工商户的用网方式，物联网在改变企业生产、作业与监管方式中的变革作用是互联网所不具备的。

应该引起重视的是，生产工具、生产方式、生产与经营组织方式的重大改变，就是产业革命，或者叫产业变革。其中农业的生产作业方式的重大改变，就是农业生产方式的革命；工业制造方式的重大改变，就是工业制造方式的革命；服务业服务方式的重大改变，就是服务方式的革命。上述生产与服务方式革命的总和，就是产业革命与产业变革。

7. 网络安全的可控性。

目前社会反映比较突出的网络安全问题，包括隐私外泄、商业窃密、黑客攻击、网络诈骗等，其实这些可以被归纳成两大类：信息技术安全问题与信息内容安全问题。在互联网上，这两类安全问题都容易发生。物联网是局域网，如智能制造车间、物联网工厂，网络相对独立，网络安全的问题主要是技术上、系统上的运行风险问题。只要信息技术保障到位，安全是可控的。物联网工程的开发，在技术手段保安全，法治手段、管理手段保安全的同时，还多了一项利用物联网工程方式保障安全的手段。

8. 对大数据的贡献。

据 IBM 研究称，截至 2012 年，在整个人类文明所获得的全部数据中，有 90% 是 2011 年、2012 年这两年产生的；到了 2020 年，全世界所产生的数据规模将达到现在的 44 倍。为什么突然会有这么大的增长？这么大的数据是从哪里冒出来的？这是因为人类从 2010 年以后开始大规模地使用物联网。据思科公司（Cisco）的研究，到 2012 年全世界已有 100亿个物体相连，而 2012 年全世界互联网的客户数累计为 24 亿个。据此推算，2012 年物联网的器物端数量是互联网客户端数量的 4.17 倍。现在 60% 的数据是由物联网产生的。按照思科公司的白皮书报告，全世界有 1.5 万亿个物体（器物）可相连，而现在各类物体入网数量还不到1.5 万亿的 1%。因此，随着物联网的进一步发展，物联网每年产生的数据占网络数据总量的比重将越来越大，最终将达到 90% 以上。因此，无论现在，还是将来，物联网都是大数据的最大生产者与贡献者！

9. 对应用的要求。

互联网使用的优势是与客户在线实时、随时互动，目的是改进产品与服务的用户体验，完善自身的服务品质以赢得更多的客户。物联网的使用，因为对象是器物端，注重的是器物端的性能，即智能水平的发挥与整个物联网协同水平的发挥，以保证产品质量，实现节能、节材、节水与"少排放"或"零排放"，实现工程的安全。

综上所述，互联网与物联网是两种既有联系又有区别的事物，不应混为一谈。但是，为什么会容易把两者混淆呢？根源在于对"互联"两字的理解上。互联，并非互联网一家的专利，而是网络的共同特性。互联网只是万维网的通称。从人类有"网络"开始，网络就是"互联"的，从来就没有不互联的网络。比如，城市供水网、电力网、铁路轨道网、高速公路网，哪个不"互联"呢？不互联就无法使用！因此，我们要从最初的本原上恢复对电力互联网、供水互联网、信息互联网、信息物联网等不同网络分类的正确理解。这样的追根溯源，有助于我们对互联网和物联网的区分。

当然，从广义上讲，物联网也是一种互联网。笔者认为，我们在一个概念上进行争论，意义不大。但对基层工人、企业经营管理人员的实际工作而言，把互联网与物联网区分开来讲，说明一个是"联着人的"，一个是"联着机器的"，兴许会更形象、更直观一些，也更好理解、更好接受一些。

当前，我们正处于"网络空间、社会空间、物理空间"的"两个融合、一个'点'型链接"的阶段。网络空间与社会空间的融合，本质上是"网络"与"人的服务"的融合，其基本的格式、标准模式就是"互联网＋服务"，或者是"云＋管＋客户端"，总体上属于互联网服务范畴。网络空间与物理空间的融合，就是"网络"与物理性质的各类物体的融合，其基本格式、标准模式就是"生产制造＋物联网"，或者是"云＋管＋器物端"，总体上属于物联网业务的范畴。"一个'点'型链接"，就是互联网与物联网之间的链接（但不是融合），是单一接口的"点"链接，也是"串联式"的互联，但不是"所有端"的链接。"点"型"链接式"的互联目的，是为了远程监理或进行某些数据的交换，但不必改变各自相对独立运行的状态。

以网络技术为代表的新科技革命带来的产业革命或产业变革已经敲响我们的大门，它们将与我们面临的经济发展新常态、转型升级汇聚在一起，作为驱动转型、驱动升级的巨大引擎，推动我国的巨变。我们应该意识到，产业革命与互联网、物联网的应用和推广是密不可分的。我们要积极主动地参与，不能消极被动地等待。

第三节　互联网与物联网开发利用的新趋势、新特点

一、　网络开发利用的新趋势

互联网、物联网的开发利用呈现出新趋势。网络应用正由侧重于服务业的应用向农业、工业及服务业的全面应用，由市场的粗浅开发向市场的细分开发，由粗放式应用向精准应用发展。

（一）由侧重于服务业应用向农业、工业及服务业的全面应用拓展

过去的网络应用主要集中在网络最终消费、客户端的直接消费上，其特点是主要集中在服务业领域的应用上。现在的网络应用，正由过去侧重于服务业，转变为向农业种养业、工业制造业、水利等各类工程业与环保监测业等方面全面拓展；正由以大企业直接开发、自我利用为主，转变为向更多的种养、加工与制造业的中小企业普遍利用方向拓展；正由以实体经济的外围领域为主，转变为向以农业与工业等核心实体经济领域为主拓展。

物联网与互联网在同一个企业或同一个新型商业链体系中应用的基本标准模式是："云平台的主导＋智能制造＋在线服务"。这大致上就是工业4.0。

（二）由市场的粗浅开发向细分市场拓展

如大数据服务业，正在从大数据云存储的粗浅开发服务，向数据的证据服务（如杭州的安存科技公司）、数据的位置服务（如杭州的"七巧板"科技公司）、数据的信用第三方评价服务、数据的预警服务、数据的整合服务等细分市场演变。从行业细分来讲，还有电子商务数据、政务信息数据、智慧物流数据、智慧健康数据等服务的细分市场。

（三）由粗放式应用向精准应用拓展

这是由于信息化进入大数据、云计算阶段产生的。原来的互联网和物联网，由于缺乏大数据技术与云计算技术的支持，只能停留在粗放式利用水平上。大数据、云计算技术的投入使用，使精准管理、精准服务、精准评价、精准制导、精准加工、精准预防、精准分析、精准调控、精准侦破、精准应用等成了新常态。

二、网络开发利用的新特点

（一）基本模式标准化

"云＋管＋端"互联为一体的架构与模式，正如工业化中的模块化、标准化一样，成为互联网与物联网开发利用的基本格式，或者叫标准模式。其中：

1. 互联网应用的基本的标准模式为："云＋管＋客户端"。

2. 物联网开发利用的基本的标准模式为："云＋管＋器物端"。

3. 物联网与互联网在同一个企业或同一个新型商业链体系中应用的基本标准模式为："云平台的主导＋智能制造＋在线服务"。

（二）应用的灵活性增多

比如，农业种养、加工企业和工业制造的中小企业，利用互联网与物联网的方式就比较灵活。他们往往在生产加工制造环节使用自己内部的物联网，在采购与销售环节则利用其他企业办的电子商务平台；同时，由于网络服务业越来越发达，中小企业的采购与销售的选择性也大大增加，有可能采购时利用了甲企业的电子商务平台，而销售时则利用了乙企业的电子商务平台。

（三）应用与利用的协同、合作普遍

虽然"云＋管＋端"为一体是互联网与物联网开发利用的标准模式，任何开发利用者都要遵循这一基本或标准模式，否则就无法实现网络化的业务服务与生产作业，但这绝不意味着每个企业在实际利用时都必须建设"云"。在实际利用时，一些个体工商户往往利用或加盟到别的企业的"云"上去。

第四节　把力气用在企业型客户的开发上

对网络化的"核心关注"，应在注重开发个人消费型客户的同时，更注重开发生产与制造型的企业客户。这是当前与今后竞争的重点与热点。只有这样，网络化才能拓展更大的发展空间。这其中，要特别重视农业、制造业、服务业、工程业等领域的企业客户的开发，把力气用在企业客户的开发上，用在注重实际的开发上。

一、坚持正确的取向与导向

有区别地开发利用互联网与物联网，要明确并坚持正确开发利用的方针与原则，要坚持"两化融合""四化互促"和"因实适用"。

坚持"两化融合"，就是要坚持信息化和工业化深度融合。当今世界，整个欧盟及日本，都把关注制造方式的变革、开发物联网的工业企业客户放在首位。坚持物联网的企业客户开发，在中国大有市场。中国是世界制造业大国，应该把制造方式的改造、变革与现代化放在首位。只有抓好工业物联网企业客户的开发，才能实实在在地走出一条中国特色的工业化道路。

坚持"四化互促"，就是要坚持党的十八大提出的"坚持走中国特色新型工业化、信息化、城镇化、农业现代化道路，推动信息化和工业化深度融合、工业化和城镇化良性互动、城镇化和农业现代化相互协调，促进工业化、信息化、城镇化、农业现代化同步发展"。因此，要大力开发农业物联网应用的企业客户，大力开发城镇公用服务领域的物联网或互联网的客户，通过高水平的信息化和工业化，为新型城镇化提供网络公用服务与现代治理技术的支撑，为农业现代化提供网络耕作与养殖作业装备的支持。

坚持"因实适用"，就是具体根据每个企业的实际、每个行业的实际、每个新型商业链应用模式创新的实际，该用物联网的就用物联网，该用互联网的就用互联网，重点把各类应用客户开发出来，并且可以走"总体统一设计、实施分步推进"的路子，第一步先求实效，先用起来，打好升级的基础，第二步再完善提升，实现跨越，真正把网络化的每一个具体机遇都利用好。

二、 注重为每个企业开发个性化、 管用的网络应用

只有实现生产、制造业务与网络应用相结合的模式开发，才能创造出有实效的价值，而这需要把"应用模式创新"摆在首位。

要着力开发企业个性化使用网络的应用模式，就要认真吃透每个企业的生产、制造的业务环节与过程，并把这些环节与过程体现在网络的云、管、端为一体的开发方案中。只有这样，才能为每一家企业开发出与网络化生产、制造相契合的应用模式来。每个企业的生产习惯、管理制度、企业文化都是有差异的，只有注重结合每个企业的特点进行个性化的网络应用模式的定制，才能"服"每个企业的"水土"，才能受到企业的欢迎。

致力于为每个具体企业开发能用、实用、有实效的网络，就要善于了解不同行业的企业的不同需求，坚持以这些企业用户的需求为导向，

以产品质量为保障，以对原有生产流程的重组为内容，以生产与制造方式的变革为根本。要帮助他们开发适用的模式，并让他们用得起、用得好。

开发各行各业企业能用、实用、有实效的网络，从面上看，要着力开发"四新"，即开发各类企业欢迎的网络技术的新产品、网络服务的新平台、网络服务的新业态和网络技术的新工程，简称为新产品、新平台、新业态和新工程。除了为每个企业提供服务之外，还可以建设为某一行业企业提供共性服务的公用平台，如电商平台、云计算平台、软件应用平台等，引导同行业企业用户接入，为每一个企业降低网络化的技术难度及投资维护成本。比如"智慧旅游"或"旅游商务"的公用平台，就可以为一个区域的旅游行业的各类企业提供接入服务。

三、 注重围绕关注点、 焦点、 新增长点抓开发

（一）坚持问题导向抓开发利用

我国进入了经济社会转型升级的关键时期，各种问题矛盾不断涌现。互联网与物联网的开发利用，不能对经济社会转型升级中涌现的这些问题视而不见。致力于这些问题和矛盾的解决，不但可以防治网络化的"虚火"，还可以为企业的可持续发展拓展空间、赢得机会。比如，围绕大家关心的出行难、就业难、就医难、安居难等民生改善问题，可以大力发展智慧交通，开展网络创业与就业服务，加快智慧医疗与智慧安居建设；围绕群众普遍关心的治霾、治水、吃上放心的食品药品、喝上干净的水等环境与安全问题，可以大力发展精准农业、食品药品网络全程监管与追溯系统、水流域环境网络监测与监管工程、智能水务等。这样做可以一举多得：一是实实在在地改善民生，促进党群关系、政民关系

的和谐发展；二是推动突出问题的破解，开创城市现代治理体系建设的新局面；三是培育新的产业增长点，促进交通监控装备、环境监测装备、食品药品网络监管装备等装备产业的市场开发，促进网络技术服务业的发展，推动智能交通、智能安居、智能水务、智能药业监管等新服务的兴起。

（二）着力细分市场的开发利用

模仿型排浪式消费市场的结束，意味着多样式个性化消费市场的兴起。针对这样的变化，细分市场开发新技术产品、新技术服务、新型业态就成为必然。互联网与物联网的深度开发利用也要顺应这样的变化。

细分市场开发利用互联网，如果拉个开发清单的话，就会出现一级目录、二级目录等。比如电子商务，若一级目录是消费类电子商务，则二级目录就是企业对消费客户的电子商务（B2C）。其主要清单如表 6-4 所示。

表 6-4　电子商务的目录清单

序号	一级目录	二级目录
1	消费类电子商务	B2C
2	供应类电子商务	B2B
3	投资要素类电子商务	网上技术市场、土地使用权线上交易市场
4	装备租赁类电子商务	建筑工程装备租赁电子商务、农业机械租赁电子商务
5	跨境消费电子商务	跨境消费品批发电子商务 B2B，跨境消费品零售电子商务 B2C
6	跨境装备进口电子商务	跨境医疗装备进口电子商务、跨境制造装备进口电子商务

此外，电子商务正在从"买商品"向"买服务"发展。比如"家庭厨师服务"的电子商务，可以为我们提供粤菜、鲁菜、江淮菜、杭帮菜

等菜系的厨师的上门服务。如今"家宴"是代表最高礼遇、最深友谊的聚餐方式，因此家庭厨师服务是一种特别适合 80 后、90 后，尤其是不会做菜的群体的服务。此外，"代驾服务""家庭按摩护理服务"等应用业务也正在逐步被开发出来。

从物联网利用市场的细分看，也可以用清单表述。

表 6-5　物联网利用细分市场的目录清单

类别	一级目录	二级目录	三级目录
1	农业物联网	种植业物联网、养殖业物联网等	种植农场耕作物联网、蔬菜大棚物联网、渔场养殖物联网
2	制造业物联网	流程工业物联网、离散工业制造物联网等	绿色安全制造物联网、离散型企业协同制造物联网
3	服务业物联网	旅游业物联网、物流业物联网等	住宿类酒店内部管理物联网、纯餐饮类酒店物联网、旅游景区物联网、城市快递配送物联网
4	工程类物联网	农业工程物联网、环保工程物联网、城市地下工程物联网等	水利工程物联网、水体监测物联网、城市供水、供气物联网

当然，上述对互联网与物联网利用市场的细分表格仅仅是举个例子，表达一种思路。现实生活中的市场细分是精彩纷呈、超乎想象、举不胜举的。但对每个创业者来说，平常做好细分市场的调研，细心感悟并捕捉市场脉搏的每一个变化，以及做好细分市场的图表，对于创业是相当重要的。

（三）着力于应对新的矛盾与挑战抓开发利用

我国已进入"增长中高速、产业中高端"的经济发展新常态阶段。目前面临的突出问题是，"模仿型排浪式的消费阶段"已结束，培育新的增长点又十分紧迫且繁重。

培育新的增长点，首先要学会找到新的增长点。随着经济社会的转型，人们生活、生产方式的变化带来了消费与投资内容的变化。五年、十年之后，我们将面临一系列重大问题与巨大矛盾和挑战。因此，我们要着力从这些矛盾和挑选中去寻找新的增长点。

1. 围绕解决"五年、十年后谁来种田、种菜、养鸡、养鱼、养猪、采茶的问题"，开发农业物联网，实施好"机器"或"机器人"来"种"与"养"的计划。农业的出路在于"网络化＋机械化"。从现在起就要抓好设施农业、精准农业物联网的发展。各类农业物联网的具体构成如下图：

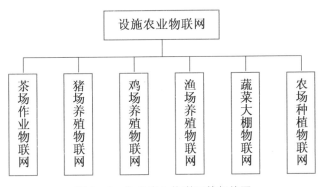

图 6-2 各类农业物联网的架构图

要具体发展农场、养殖场、茶场物联网，就要大力发展各类农场网络设施装备制造业、设施农业网络技术服务业、农业网络设施工程业，开发农业与养殖业的机器人。所有这些，都是工业制造业、高技术服务业、新型工程业的新增长点。

2. 要解决"让人们活得更有质量、有更长寿命的问题"，就要大力发展网络服务型健康产业。什么是健康产业？健康产业的主要内容是"保健康、防生病、控未病、治已病"，构筑健康保障链，保障人们始终都有一个健康的身体。健康保障链，主要由健康运动护理、健康动态监测、健康介入干预、防止患病介入、控发大病干预、治疗已病服务、健康理疗恢复等众多环节组成。从健康保障链出发寻找健康产业新的增长点，就可以发现健康保障装备产业、健康医疗服务产业、健康网络服务产业等诸多商机，进而完善健康产业链。

健康产业是一个很有前景的"富矿"，新的增长点多、产业链长，可作为的空间非常大。如健康保障装备产业就包括智能健康运动及教练装备、穿戴式网络监测装备、大型体检网络装备、手术治疗网络装备、医疗护理网络装备、治疗后的康复理疗网络装备、老年人及残疾人的护理网络装备，等等；健康服务业也可以细分为一般健康服务业、医疗等特种服务业、健康护理业、智慧医疗（健康）服务业、医药制造与"医药电子商务及配送"等网络服务业，等等。

健康产业，是把"IT（网络信息技术）＋MET（装备制造技术）＋BT（生物技术）＋MT（医疗技术）"集成使用的产业。上述两个"T"或三个"T"的集成产品或服务，都是中高端的健康产业的内容与业务。

3. 围绕"让人人都能健康生活"的目标，大力发展新能源与环保产业。健康的生活需要健康的环境。这方面有太多的增长点可以开发，如新能源产业、节能环保产业、环境保护在线监测等工程业，内容丰富，新技术新产品繁多，新技术新服务品种不胜枚举。应很好地细分市场，把握商机，进行务实的开发。

第五节　着力抓好商业模式的创新

互联网的应用开发与物联网的利用开发都必须跨越的障碍，就是商业（务）模式创新。

许多互联网应用或物联网利用项目半途而废的原因，就在于商务模式创新这一关跨不过去。比如现在各地的"智慧城市"热，很多企业很可能就"死"在商务模式的创新上。商务模式不创新，互联网应用或物联网利用的项目就无法找到投入与盈利平衡衔接的模式；因无法实现前期亏损与后期盈利的衔接，就很容易做成"半拉子工程"。因此，笔者不赞成企业"搞圈地"，动不动就把"智慧城市"的全部项目统统包下来做。这不仅会因为投资规模巨大而难以为继，还可能因为业务太复杂，商务模式不容易实现成功的创新。

没有新型的可实现的商务模式，就不会有新的互联网业务与新的物联网利用内容的成功开发！因此，新的商务模式创新要摆到突出位置上！

成功的商务模式创新，要符合两点基本要求：一是对客户用户能提供"一揽子"解决问题的服务，二是能形成可盈利的商务模式。这两者缺一不可。如果一条也实现不了，那只能陷于"空谈"；如果只能为客户提供"一揽子"解决问题的服务，但没有合理可行的盈利模式，那就难免会"难产"或"流产"。

新的商务模式创新要把握以下几点：一是新的商业模式与网络应用

业务方案要同步设计。不能等网络应用业务项目做完了才想到商务模式的创新。二是新的商务模式的创新要追求经济合理、客户方便、安全可靠、保障有力。经济合理，就是为客户着想，让他们用得起、支付得了，用得好、获益多，同时自己也能赢利，实现双赢；客户方便，就是技术先进、操作使用简便、体验感觉好；安全可靠，就是让客户放心，不用担心使用人员与数据的安全；保障有力，就是对设备硬件、软件及运行的保障及时到位。三是要能够落地。商务模式创新不能停留在设想中、纸面上，而是能投入使用、能运作、能接地气，盈利模式能切实可行。四是要持续改进。通过不断完善，使新的商务模式更实用、更适用、更有竞争力。

第七章

网络时代的新型商业链与数据流

网络时代，传统商业链正在发生巨大的变革，其背后的推手就是互联网与物联网。网络是传统商业链的终结者和新型商业链的重构者，将带给消费者、流通者、制造者、设计者和研发者全新的体验，推动生产、消费、服务流程管理体制的改革，形成产业链的新形态。

第一节　网络时代的新型商业链

一、　新型商业链的产生及特点

自从人类有商品生产、交换以来，我们经历的及正在经历的商业链形态，主要有三种：

（一）以生产为中心的商业链形态

其特点是"企业生产什么，商业就供应什么，消费者就消费什么"。这种发展模式，企业难以准确地了解消费需求量，所以会有剩余、积压的产品，会有过剩的生产制造能力。

（二）以预测的市场为中心的商业链形态

其特点是"预测市场需要什么，企业就生产什么，商业就供应什么，消费者就消费什么"。这种发展模式，企业通过预测规模批量大的产品，然后组织生产制造。因为市场预测水平的局限性，同样会有剩余、积压的产品，有过剩的生产制造能力。

（三）以消费为中心的商业链形态

其特点是"客户订购、订制什么，企业就组织生产什么，物流就配送什么；客户订购、订制多少，企业就生产多少，物流就配送多少；客户需要什么售后服务，企业通过在线的方式随时随地提供什么样的服务"。这是以消费为中心的商业模式。

这是一种与过去模式不同的、必须依靠网络才能实现的新的发展模式，其核心在于网络在线和没有剩余积压的产品。因此，这是一种消费驱动型、资源节约型、环境友好型、生产与消费相对和谐型的商业链形态。

可以说，一种历史上不曾有过的、由网络在线全流程实时管控的、以消费或客户为中心的新型商业链诞生了！

二、 新型商业链的流程与构成

网络新型商业链的流程和主要构成环节有：

（一）网络订制

客户运用移动智能手机等终端向制造企业或网络供应商订购或订制商品，达成合约，明确所需产品的类型、款式、用料、颜色、品质、等级、数量、价格、结算方式等，或者明确所需服务的种类、内容、要求、数量、付款方式等。网购成了快速成长的商业模式，电子商务正进入一至两年翻一番的高速成长的时代。由于"80后"正成为工作及生活队伍的主体，这些有支配工资卡权利的就业大军快速成为网购的主力军，把网购推上了高速成长的阶段。

（二）在线支付

"先付款，后发货"，是网购通行的规则。客户进行网络订制或网购之后，往往通过"个人电子钱包"向供应方或第三方支付平台支付产品或服务的价款，然后商户进行产品开发设计、制造加工、物流配送。客户从网上购买产品与服务，图的是在线购买与送货上门的方便，图的是可以不到商店购物、不直接支付现金等方面的便利，以及时间与成本的节省。因此，他们必然倾向于选择在线支付、网络结算的服务，由此带动了互联网金融的发展。

（三）工业（创新）设计

网络订制的产品，有部分是新产品，需要进行新技术产品或新技术服务的设计开发。这种新产品、新服务的工业设计与创新设计，往往可以通过三种途径进行：一是"众创"。"众创"是利用网络组织大家进行产品设计的简称。参与产品设计的人，叫"创客"。创客们可以利用产品设计数据库、产品设计软件等工具，在网上进行产品的工业设计。二是客户自己设计。客户可设计自己喜欢的产品。三是专业工业设计公司设计。专业工业设计公司是高水平产品与服务等复杂设计的提供者，尤其是机械装备与装备电子及软件一体化等相对复杂的工业设计或创新设计，还得由其来完成。不过，要高度重视众创设计。这种数以万计的创客设计，加快了产品的设计速度，丰富了产品的设计能力。

需注意的是，网络订购的产品设计图，要通过网络发送给网购客户，要让客户办理确认手续。

（四）产品制造

产品制造是根据客户订购产品的数量与确认的产品设计图，按照约定的材料组织生产制造。工业4.0的出现，工厂物联网的发展，使得网络智能制造得以逐步推广。传统方式的制造将被物联网的智能制造所取代。只要把数字化的设计图通过网络发送给每家物联网工厂或产品智能制造生产线，所需要的产品就可以按照线上指令生产加工出来。"产品在线设计与传输＋电子商务＋工业制造物联网"，这就是工业4.0的主要内容。这种新型的商业模式，可以实现少批量、多品种甚至是单件生产，其生产成本与大批量生产基本相当或者略高，完全可满足消费者日益增长的个性化需求，这在以前是不可想象的。

（五）网络物流

网络物流是由云平台统一管控物流各个环节、全流程的专业服务。主要环节有三个：

1. 快递包的形成。即制造工厂物流仓库的"快递包"打包。网购是由单一客户进行的，所以相应的网络物流就以每个客户网购的"快递包"为物流的基本单元。比如服装，一个客户可能在网上一次就向一家服装企业订购了家人用的两件不同规格、不同款式的衬衣，三件花色不同的、规格各异的内衣，"网络物流"仓库可以帮生产服装的这家企业把这五件不同的服装分拣并装进一个"快递包"里，这个"快递包"可以通过电子标签全程识别、跟踪管理。西班牙有个叫"芒果"（Mango）的服装公司，2012 年销售收入为 60 多亿欧元。它在马德里的"物流仓库"负责每个客户"快递包"的自动打包及到同一城市集装箱的智能装运，每小时分发的服装达 3 万件。

2. 城际物流。即把到达同一城市的"快递包"，统一装进同一个集装箱里，由城际运输货物公司负责运送。过去是每个集装箱装运同一规格的产品；现在，同一个货运集装箱装运的是同一个城市客户的"快递包"，里面装的是不同规格的产品。

3. 快递配送。即每个城市的快递配送公司把每个快递包分送给每个客户的活动。快递配送以城市为单元，实行城乡一体化的、与客户端"面对面"的配送。这是我国物流体系中的"短板"。快递配送有四个特点：一是与"人"面对面的服务。这与城际物流不同，城际物流是对"货"不对"人"。因此，这是提供客户满意服务、打造物流企业品牌的关键环节。二是配送的批量小、分布散、品种杂。所以，更需要精准、高水平的管理。三是准入门槛低。各种扰乱经营秩序的带货、商店跨行业送货等活动，极易干扰快递市场秩序，使快递市场规范监管的难度增加。四是节假日配送难、矛盾多。

上述各环节均通过"网络物流"的云计算平台，统一进行管控（包括工厂物流仓库的"快递包"打包、每个集装箱的统一自动装箱、到达客户所在城市后的自动分送管理、"快递包"的配送管理、"快递包"的追溯管理等）来实现。

三、 新型商业链的实质与价值

由"客户网购→在线支付→产品设计→加工制造→物流配送至客户"的流程再造、网络全程实时管控的新型商业链，删除了商业批发、分批包装、零售等诸多环节，产生了对原有商业模式的某些颠覆作用，推动了农业种养殖方式、加工制造方式、跨界服务方式、市民公共服务方式的创新，显示了新型商业链的魅力与价值。

新型商业链的实质是以预算式消费为中心的生产加工、金融结算、物流配送等流程的再造；它以在线商务为龙头，对社会化的大生产与服务模式进行了全面调整与重建。

预算式消费是预定（预订、订制、订购）型的消费。这改变了被动消费的方式，使人们的消费有高度的自主选择性与预先的计划性。自主选择性的消费，提高了人们的消费体验与满足感，消费的预算计划则大大减少了生产加工环节的巨大浪费。这个巨大浪费不仅仅是指生产加工成品多于市场消费需求造成的浪费，还有产品配件、组件、模块件多于产品组装数量造成的浪费，还包括加工这些过剩产品与过剩配件、组件、模块件的原材料浪费、人工成本的浪费、能源消耗的浪费、废水废气废料处理成本的浪费。这有助于推动人们走上科学消耗资源、能源的资源节约型、环境友好型的发展之路，实现节约型的生产、节约型的消费。

我们不能低估传统消费方式所带来的在社会化大生产过程中的巨大浪费。据有关资料显示，中国"舌尖上的浪费"约占全部食物消费的1/6。预计人们吃、穿、住、用、行等方面产生的生产加工环节、社会往返运输等环节的浪费，亦不会少于1/5。除了巨大的浪费之外，还有浪费成本向客户的转嫁。上述这些浪费往往都折算到了销售产品的价格之中，转嫁到了消费者身上。以消费为中心的预算式消费，加快了私人消费与社会化大生产之间矛盾的解决进程。它有望通过分布式的私人消费提前有计划的订购，使社会化的原料采购过程、生产加工过程、物料与产品的运输过程变得更有计划，使国民经济在中观领域的计划性安排中的可控性增加。比如，日本等国家的农业协会在农副产品的生产上就采取了这种预算式的产品订购、订制的方式，从而提高了农副产品社会化生产的计划性，既稳定了供需关系，又避免了"谷贱伤农""鸡贱杀鸡"等问题的发生，保障了农民的合理利润，保障了农副产品的市场供应。

以消费为中心的预算式消费，推动着生产加工、线上支付、物流配送的流程再造。这个流程再造，有两个特征：一是以消费为中心；二是横跨第一、第二、第三产业的重组重建，这与单个企业的生产过程或销售过程的重组重建不同，具有跨界、跨行业、跨产业重组重建的特点。它使第一、第二、第三产业的生产协同、物流整合、服务优化等方面得到了大幅度整合，并使其边界逐渐模糊。由此，商业销售、生产加工、物流运输、金融信贷、网络服务，不再是一个个互不相关的独立环节，而是由每一份网购订单串联甚至并联起来的互相衔接、互相影响、互为促进的一个流程。基于这种以消费为中心的流程再造，各种大数据种植、网络协同加工制造、互联网金融、网络物流、在线服务等跨界作业和跨界服务的业务与产业，也就逐渐地被催生出来。

新型商业链的流程再造，实质上是一场生产、消费、服务流程的管理体系与管理体制的变革。这一变革包括了企业的生产服务过程管理的变革、网络云平台的跨界服务流程的管理体制创建以及网络云平台建设与运营机制的创新，还带来了政府新业态准入制度、监管方式、监管体系的重建以及监管体制、监管法律的调整，促进了政府管理体制的改革与创新。由于新型商业链是通过网络在线实时管理来运行的，上述各个层面的管理体制的变革、创新与完善，都必须与大数据、云计算、在线实时运行相匹配，都要达到精准生产管理、精准物流配送、精准品质服务等要求。这种新型商业链的实质和价值，主要体现在以最低的生产和服务成本，最大限度地满足人类的生活和服务需求，从而实现人类最大的福利。

四、 新型商业链的数据流管理

（一）从数量管理向数据管理的转变

网络协同制造、跨界服务、智慧城市等业务，都是对原有的发展模式与城市治理模式的变革，其实质是从原来对事对物以定性为主的数量管理，转变为以定量为主的数据管理。数量管理与数据管理虽一字之差，却是一个质的飞跃。它改变了"差不多""大概"等模糊管理的状态，在事物量变时可以准确地预见到事物的质变，在质变之前通过改变量变的方向或速度来防止质变、控制质变或促进质变，以减少资源浪费、控制成本、实现绿色与安全的发展目标。这正如人们可以通过生理指数的变化，预测到病痛的发生，并通过调控生理指数，防止病痛或控制疾病的发生，实现防未病、降低治疗成本、提高生活质量的要求一样。

（二）数据流的形成与特点

新型商业链的循环运作产生了数据流。数据流的概念有其内在的特定含义：一是数据流的流向，是由新型商业链的流向决定的，两者的流向是一致的；二是数据流的内容是真实具体的，是由商业链具体的客户量、货物交易量、运输物流量、资金流量等构成的；三是数据流是动态有序的，其流量、流速与新型商业链的活动量是成正比的。了解这一点很重要，有利于我们从商业链中去正确认识数据流、开发数据流、利用数据流、管理数据流。

（三）对数据流的利用开发，必须通过云存储与云计算平台才能实现

这种对大数据的云存储与云计算服务，简称为云服务。只有通过云服务，我们才能开发数据流、利用数据流和管理数据流，才能开展网络订制、在线支付、产品设计、协同制造、物流配送等新型商业链业务。

（四）努力开发大数据服务与管理的新境界

建立在网络化上的大数据服务与管理，是传统管理的升级版，有其自身的特点：

1. 对"云计算＋业务或事务的数据"的大数据精准管理。人的大脑有局限性，难以对成万上亿以至更多的数据进行有效管理。只有利用分布式的云计算平台，才能对庞大的数据流进行管理。这种管理的云计算平台，有单个农场与工厂等的私有云、智能交通与智能医疗等的专有云、阿里云计算平台等的公有云之分。只有实现云计算对业务或事务数据的统一处理，才能实现数据级精准管理，摆脱对业务或事务数量级管理的局限。无论是农业企业、工业企业、服务业企业、网络平台企业，都要把实现"云计算＋业务或事务大数据"的管理作为下一轮管理升级的目

标来追求。

2. 对事务过程循环的自我优化型的大数据精准管理。我们这里讲的"事务"，包括农业种植企业作业过程事务、农业养殖企业作业过程事务、工业企业加工制造过程事务、服务企业服务过程事务等。而"过程循环"，指的是同一产品的种植、养殖、加工制造过程，或同一客户的服务过程。比如制鞋企业，同一品种款式的鞋子的加工过程，就构成了同一产品的加工制造循环。所谓"不断优化"，是指在"云＋管＋端"的物联网制造环境下，同一产品在连续加工、在线对每个产品的检测数据实时传递给企业云平台之后，云平台将对不合格产品的形成数据进行溯源分析，找到原因，并对之后产品加工的设定数据进行调整完善，以减少不合格产品的产生，直至全部合格甚至都是优质品为止。完整来说，所谓"不断优化"就是一个"事务过程循环的自我优化"。这种管理，是一种"过程精准管理"，可以克服传统非在线管理中存在的"问题发现迟、原因查找难、纠错应对慢"等不足。

3. 对跨行业、跨产业新型商业链的数据流的大数据精准管理。通过云平台，对跨界（跨行业、跨产业）的业务流程进行大数据分析，找出产品订购过程、价款支付过程、产品设计制造过程、物流运输过程、产品使用过程中的缺陷与不足，再进一步进行优化提升。

4. 对"数据＋业务（事务）"的实时与在线的大数据精准管理。与购物的线下交易、现金支付、货物自带等不同，大数据精准管理具有"实时数据"与"时时在线"的特点。因此，这种管理是一种方便、高效、精准的管理，具有传统管理不具备的时效性、便利性。

大数据精准管理一般具有典型的标准格式，主要有两类：

1. 对于企业类的过程管理而言，其标准的管理格式或者模式是：生产（作业、服务）过程的大数据＋大数据云计算平台＋物联网或互联网的在线可信可靠数据传输＋统一过程管理的标准与制度。

2. 对于商业链流程再造的管理而言，其标准的管理格式或模式是：网络云平台主导企业＋业务或事务跨企业跨界流程的数据流＋互联网在线可信可靠数据实时传输＋统一流程管理的标准与制度。

大数据的精准管理，开辟了企业管理、跨企业跨行业跨界管理和公众公共服务管理的新境界，必将完善并改写传统管理学的理论，更好地造福人类。

第二节　新型商业链运作的主导者

毛泽东在他的一首词中有"问苍茫大地，谁主沉浮"的设问。此问已由中国共产党领导的中国革命、建设与发展实践作了历史性的回答。那么，网络化的新型商业链又将由谁来主导运作呢？这是在网络化进程中必须回答的问题。

谁是新型商业链运作的主导者呢？就是处在商业链核心地位的云平台商业企业。根据新型商业链的构成，可以将其分为四大类型：一是行业集成云平台商，这是跨企业的商业链运作的主导者；二是信息工程集成总包云平台商，这是跨行业商业链运作的主导者；三是网络商务云平台商，这是跨产业商业链运作的主导者；四是跨国集团云平台，这是超级商业链运作的主导者。

一、 行业集成云平台商主导的跨企业商业链的运作

不同的行业都有可能存在并形成这样的行业性的集成商，且有企业型与商会型两种形式。比如日本的农业协会，就有这种集成商的功能，它与各商业经营商商定次年的农副产品生产的品种、数量、交货日期、价格等，然后有计划地组织参与农协的各成员单位进行有计划的生产。日本农协与各方面的合作模式，与新型商业链的特征相当吻合。企业主导行业性的集成商就更多了，农业、制造业及服务业都有；文化行业方面也屡见不鲜，他们往往把文字编剧、影视制作、出版发行、网络院线、在线服务等都整合在一起，为消费者提供自助性的、不同以往的文化商业服务与新鲜的文化体验，开辟了新的不同类型的客户群市场。

行业集成商主导的跨企业商业链的运作，基本模式是"协同制作＋统一交付"。以装备制造集成商主导的跨企业商业链的运作为例，当船舶、汽车、医化流程物联网制造装备等集成商接单后，按照客户的需求开展"协同制作"，包括统一进行整台套的及各模块件、组件、配套件的"协同设计"，装备硬件与软件（嵌入式软件、系统软件等）的"协同开发"，关键部件、其他模块件、不同组件、具体零配件等不同厂商的"协同制造"，及总集成组装与各分部组装厂商的"协同装配"；"统一交付"，就是当总装、调试、检验完全合格之后，代表所有参加装备商业链条的制造厂商向客户进行"统一交付"。

行业集成商主导的是同一行业内的、不同企业之间协同进行的新型商业链。这类企业的组织架构，往往以行业集成商为龙头。当然，还有台湾地区的"关系企业"类型。一般行业集成商主导抓总，行业内企业之间按市场机制与相应的规则及契约进行协同合作。但是，这种模式与

松散式的"产业联盟"并不相同。

值得注意的是，网络化发展之后，行业集成商主导的新型商业链的形态发生了更多的变化，形成集成商的途径也发生了变化，出现了"研发设计＋在线营销"主导型的，比如"小米"的模式；亦出现了原有进出口商贸型企业蜕变为"研发设计＋在线营销"的升级版型的；还有可能出现医药化工制造流程云平台商通过市场化采购装备来主导的，并非只局限于过去由医药化工装备总装企业主导牵头这一种模式。

二、 信息工程集成总包云平台商主导的跨行业商业的运作

这类新型商业链的主导企业的产生，取决于跨行业的跨界集成能力。它要求主导运作型的企业具备对信息工程与装备工程融为一体的集成设计能力，对硬件设施与系统软件的集成开发能力，以及对装备制造与工程安装、设备运维的全面集成能力。一句话，必须具备对农业，或制造业、水利、交通、地下管网工程的"云平台＋专用传输网＋智能器物端"的设计、制造、开发、安装、运维等系统集成能力，真正成为"系统解决问题的提供商""交钥匙工程的提供商或服务商"。信息工程集成总包商主导的是装备制造与工程建设等跨行业商业链的运作，基本模式是"系统集成＋'一链通'的工程交付"。

信息工程集成总包商主导的新型商业链，是横跨信息产业、装备制造、生产服务、工程建设、工程运维服务等多行业、多领域的企业协同与集成。各种类型的信息工程可细分为：农场、猪场、渔场、茶场物联网的作业工程，服装鞋帽离散型工业企业物联网制造工程，医药、化工、建材、造纸、印染等流程工业企业物联网制造工程，中小学校的校园网工程，城市供电、给排水、供气及通信工程，品种繁多，内容丰富，每

类工程都可以产生上述的信息工程集成总包商。由信息工程集成总包商主导运作的模式，对第一、第二、第三产业的升级带动力强，宜大力培育、引导加快发展。

三、网络商务云平台商主导的跨产业商业链的运作

网络已进入了云计算即云上服务的时代。"云上"与"云下"成为当今划分网络应用的先进与落后的分界线。网络化应用落后的一个根本标志，就是大多仍停留在"云下"水平。

云平台的应用带来了四大突破：一是应用软件开发、修改、完善的便利化与大众化。在云计算的平台上，在开源开放的环境中，修改应用软件，使之更契合自己业务的需要，成为常态。这改变了应用软件只能被动等待少数软件开发商来修改、完善的局面，也将改变中国软件不够适用、不好用的状况。二是使云计算成为一种服务产业。人们可以随时按需地从网上购买通用计算服务。这不仅降低了购置计算设备的成本，跨越了开发分布通用式计算软件开发的技术障碍，而且得到了经济便利的服务。据测算，购买阿里云计算的服务，支付的成本不到自建云计算平台的1/5。三是促进了大数据的开发利用。它使我们的各类管理从数量管理转向数据管理，实现了精准管理。可以说，没有云计算，就没有大数据的开发应用。四是促进了以云平台为载体的商业模式创新。云平台建设，让整合各类数字信息孤岛有了新手段，让开发整合后的数字业务的新的商业（务）模式创新有了载体。因此，云平台成了跨产业商业链运作的主导力量。网络商务云平台商，包括云计算提供商、云平台业务服务商和云平台服务集成商，功能作用类似于大连万达这样的城市商业综合体的商业房产开发经营商，可为入驻商家（店家）提供商业经营

场所、商业经营的物业等公用服务，但自己并不参与具体交易业务。网络商务云平台商与商业房地产商的主要区别在于提供的是在线与非在线的商务服务；尤为重要的是，网络商务云平台商能主导新型商业链的跨企业、跨行业、跨产业的运作服务。

要注意研究并利用好云平台的适用方式。云，包括私有云、专用云和公有云等。私有云平台主要用于企业内部的种植、养殖、制造、管理等过程服务，公有云平台则应用于主导跨企业、跨行业、跨产业、跨地区的新型商业链运作服务。具体应用的区别如下表：

表 7-1　公有云、私有云的应用

序号	适用单位	使用方式	使用特点
1	农场企业，养鱼、养鸡、养猪等养殖企业，大棚蔬菜生产企业	内用私有云作业，外用公有云平台营销	私有云用于一个企业的作业过程管理，公有云平台用于产品销售
2	离散型制造企业、流程制造工厂	内用私有云制造，外用公有云平台营销	私有云用于一个企业制造过程的管理，公有云平台用于产品订购、销售、服务
3	酒店	内用私有云管理物业、保安，外用公有云平台订房订餐	私有云用于内部节能、保安的服务管理，公有云平台用于订房、订餐业务
4	水库水利设施工程管理、地铁运营工程管理、环保在线检测工程管理等	内用私有云进行过程管理，需要时可用外部互联网了解工程运行概况	私有云用于工程运营的过程管理，外部公有云平台可用可不用

主导运作新型商业链的云平台属于公有云类型，即服务于众多的企业，包括跨行业的企业、跨产业的企业，主导新型商业链的运作。如阿里巴巴的阿里云平台，既为淘宝的店家提供商务服务，又为网购双方提供在线支付服务，还为客户提供在线小额贷款服务，是一个横跨商务、

金融、第三方信用评价的大型的综合性的云平台。

主导新型商业链运作的云平台，还有纵向垂直合作型主导运作的。比如云栖小镇就是这样的实例。在这里，阿里云为诸多创业者提供基础层的大数据管理服务、云通用计算服务，支持业务平台商开发专业服务，支撑业务平台之上的各类店家对终端客户的服务，形成了五层纵向垂直、横向贯通的服务体系。比如，阿里云为杭州跃兔公司提供的垂直服务包括：一是提供大数据管理的基础服务；二是提供游戏平台商的客户管理服务；三是为游戏开发商提供《神途》游戏母本与个性化改编服务；四是为《神途》开发商提供销售管理服务；五是为杭州跃兔公司与《神途》游戏开发商提供售后收入的比例分成结算服务。由此形成了垂直的五个层级的合作服务。从横向跨度看，又为之提供了与游戏终端客户的商务服务、在线支付服务等。

云平台商主导新型商业链的运作，其基本模式是"流程集成＋在线精准服务"。

四、跨国集团云平台主导的集团内部新型商业链的运作

一个跨国集团可以说是一个商业帝国。一个跨国集团的经营品种与服务及经营收入往往超过几个甚至几十个国家商业营业额的总和，其商业链及商务流的体系之庞大一般超出人们的想象。运用云平台对企业内部进行跨领域、跨行业、跨国度的管理运作，按新型商业链的流程进行整合与统一管理，乃是理所当然的事。

跨国集团的云平台主导的新型商业链运作，其基本模式同样是"流程集成＋在线精准服务"。

五、 致力发展云平台企业与云平台经济

主导新型商业链运作的企业，有一个共同的特点，它们都是"云平台"的主持者。它们创造了一种新型的商业合作模式，亦产生了云平台企业。若干云平台企业的诞生，也催生出一种新型的经济形态——云平台经济。许多创新者已经着眼于"云平台公司"与"云平台型经济"的发展。因此，我们要因势利导，用好机遇，发展"云平台服务公司"（如阿里云）与"云平台型经济"（如淘宝支付宝、余额宝等经济）。云平台型的公司将主导云平台体系之内的标准与规定的制订与执行，推动体系内的资源、数据、力量的整合、利用与关系协同，提高系统与体系的运作效率，并进一步推动各种新的发展、创新与创业。

在谈到云平台服务时，还应该谈一下"制造与服务为一体"的"制造与服务型"的企业。比如"可联网的无人驾驶汽车"，从制造环节看，是一部制造出来的可联网的智能装备（汽车），但在用户实际使用时，它又是一部需要"云平台（车联网）跟踪服务"的智能装备，跟踪服务的内容包括远程控制、精准导航，对其汽车内部电机、电器工况的监测与控制系统软件的维护与升级、预警及应急处理等。这些"跟踪服务"的内容过于专业，如果让"可联网无人驾驶汽车"的制造商来提供，显然更合理、更有效。因此，出现了既搞装备制造又对装备售后提供云服务的"制造与服务型"的企业。

制造与服务相融合型的企业是发展的总趋势，但"网上制造与在线服务型的企业"都有其自身的特点，其在线服务的对象主要是自己制造的装备，主要有：单台大型装备、成套装备以及使用系统装备的工程。由于在线服务需要支付明日常的通信费用，为一般产品支付这样的在线

服务并不上算，目前非装备类产品的售后在线服务业务还不适宜开展。同时，"在线的服务"是依靠专业"云平台"进行的。

第三节　新型商业链的监管

新型商业链的出现，改变了消费与生产相对分离的关系，使消费与生产的大协同关系真正确立了起来；改变了过去"款到发货"的生产销售模式，形成了现在"款到生产"的新型销售与生产的协同模式，进而把过去生产层面的社会化大协作推进到销售（消费）与生产一体的社会化、现代化的大协同。

不受监督的权力容易滋生腐败，缺乏保护的权利容易被侵犯。消费与生产的社会化、现代化的大协同，新型商业链带来的业务流、数据流、资金流的"跨度"与"长度"的增加，凸现了监管的风险与价值。一个以万元为单位的商业行为所能产生的社会冲击力，是远远不能与以亿元、十亿元甚至百亿元为单位的商业行为相比较的。何况有许多商业行为，如粮食、能源、金融等领域的商业流行为，还关系到国计民生，关系到一个国家的粮食安全、能源安全、金融安全等大局。因此，商业流越大，越要重视加强全面监管；商业链越长，越要加强全流程的监管。要高度重视全面监管体系与体制建设，把保障合法权利、保障新型商业链商业流的健康有序放到更加重要的位置。对网络新型商业链的监管，需要更精准的监管手段、更全面的现代监管体系、更公正的监管方式、更严密的监管体制。

一、 更精准的监管手段

更精准的监管手段，就是更现代化的监管手段，就是把新型商业链、商业流置于云平台之上进行大数据监管。

针对新型商业链的大数据监管，就是一种更精准的监管手段，一种置于云平台之上的、更加现代化的监管手段。要达到精准监管的要求，必须满足以下条件：一是必须建立在云计算的平台之上。没有云计算的平台，就不能实现对大数据的精准分析与管理，数据规模再大也无济于事。二是必须对新型商业链的每个链条与相应责任主体进行可细分管理。若主体责任与业务链条关系模糊不清，就无法实行细分责任的精确管理。三是必须全面地、全程地、毫无遗漏地纳入云计算的大数据监管。不全面、不完整的商业链的数据，亦无法实现精准监管。四是必须实行追溯性的设定管理。对于每一个商业主体与每一个商业行为，从开始到结束是否全部履责，云计算的大数据监管平台必须按预先设定的可追溯性的数据计算分析方法与责任追溯方法进行监管，以保障每个商业行为的瑕疵能被及时发现，每一个履责不足的违约行为都能被精确记录，并按规定进行处理。

云计算平台的大数据监管，是高倍显微镜与高精度望远镜相结合式的监管，可以使任何瑕疵纤毫毕见，可以使复杂系统的过程高度清晰、细析，可以使用快镜头鸟瞰检查，也可以使用慢镜头细检倒查。应该说，这是值得全力推广、全面推广的现代化的监管方法。

二、更全面的现代监管体系

对于新型商业链形成的更大规模、更宽领域、更大跨度的商业流的管理，必须依靠更加现代、更加全面、更加完善的监管体系才能奏效。任何小生产方式的监管，尽管也会有些作用，但相对于消费与生产一体的社会化大协同的商业链体系而言，只是杯水车薪，无济于事。因此，建立更加全面、完善的现代监管体系就显得尤为迫切。

全面，是指全面参与，所有的权益相关主体、责任主体都全部参与，担当起责任，没有例外。完善，是指全程覆盖，没有一个环节遗漏。现代，是指手段、工具是现代化的，监管模式与体制是现代化的：监管的模式不是与小生产方式相适应的，而是与消费与生产社会化大协同的体系相适应的；监管的体制是内容公平、实质公平、过程公平并可公开的，是依法依规依契约进行的。云计算大数据的监管工具、社会化大协同的监管模式、依法依规依契约的监管体制，构成了现代化的监管体系的全部内涵。

构建更全面的现代监管体系，具体体现在：

（一）有权益关系人参与的监管

即由以消费者为主体的各类权益关系人参与的监管，包括直接权益关系人、间接权益关系人。直接权益关系人，如直接购买商品或服务的消费者；间接权益关系人，如提供商品或服务的中介机构等。尤其技术评价中介，有的仅仅属于知识或技术咨询性质的中介业务，相关权益关系不如产销主体之间那么直接。由权益关系人参与监管，可以更及时、更有效地发现问题并解决问题。这是以消费者自我维权为基础的监管。俗话说，再复杂巧妙的伪装，亦逃不过亿万双权益相关者的眼睛。这也是"公开监管"成为大家共同推崇的原因。要千方百计地扩大权益相关人自我参与的监管，主要有六个方面：一是让消费者（权益相关者）提高监管的信心，增强监管的自觉。网络化的新型商业链是应该监管、能够监管、方便监管的，网络技术不是监管的障碍，而是方便监管的工具。二是引导消费者（权益相关者）全面掌握监管的内容。其全面监管的内容，主要包括购买商品与服务的内容权益，质量与标准满足与否的权益，保障个人隐私及消费秘密等私密的权益、履约方式与时限是否受到损害等各方面。在网络化新型商业链中，更要对质量与标准、私密保护、履约方式等加强监管。三是引导权益相关人提高依法、依规、依约监管的水平。市场经济是法治经济、契约经济，监管要依法、依规、依约进行，权益要依法、依规、依约保护。四是完善权益相关人的便利监管条件。要加快云计算大数据监管平台建设，大力推广云计算大数据的监管模式，积极推动政务公开、商务公开、商事公开，创造权益相关人便于监管的条件。五是建设完善民事协商解决纠纷的平台与机制，促进权益相关方在更多的平台上开展权益协商、解决纠纷、达成谅解。六是畅通权益相关人投诉渠道，完善行政执法、公正司法的制度。要大力发展在线投诉，建立标准化、可视化、便利化的投诉图表，完善网络查证与举证方式，建立大数据的执法责任评价制度，提高各类网络商事权益的保障水平，调动权益相关人的监管积极性。

（二）有各类企业类市场主体的自我与相互监管

各类市场主体的自律与相互监管，是构建监管有效体系的基础。在这其中，主导商业链运作的大数据云计算的平台企业的监管，具有在线实时、精准高效、涉及企业众多、地位突出等特点。因此，就各类主导新型商业链运作的企业类市场主体而言：一是要建立大数据的云监管平台。要在主导新型商业链运作的同时，通过大数据云计算的监管方式，加强对参与新型商业链运作各个方面、各环节的全面监管、全程监管，提高自我防错、纠错能力。二是要完善并严格监管制度，提升有效监管水平。要加强制度建设，严格制度监管。要坚持全商业链运作的品牌导向与维护品牌的问题导向，让参与全商业链运作的各方都认可共同的品牌建设的目标要求，倒查问题，针对问题建立管用的制度，包括共同的商业链准入与退出制度，坚持依规依标准管理。三是要建立共同文化，严格有效监管。要让每位新型商业链的参与者明白：任何违规违约的侵权行为，既是对自己可持续发展的损害，同时又是对新型商业链平台上所有参与者共同权益、共同品牌的侵害；谁要砸大家的共同"饭碗"与共同的品牌，大家应该团结起来，依规依约首先"砸掉"违规企业在本商业链内活动的"饭碗"与品牌。

主导商业链运作的云平台商，由于其地位、技术与服务的优势，将成为新型商务规则的制定者与实施监管者。它制定的规则将以更自然的方式为商务的供应方、消费方、中介方所接受。比如你要到阿里巴巴跨境电子商务网上购物，就得遵守阿里巴巴购物的相应规则。新型商业链形成"商业帝国"的特殊地位，使主导新型商业链的云平台商不但可能主持一个国家某一商业链活动规则的制定，而且有可能成为制定跨国贸易规则的主导者、确认者。这是值得我们高度关注的。

（三）有更精准的大数据的第三方监管

第三方的监管是相对于权益关系人甲乙双方之外的第三方监管。互联网、大数据、云计算技术的发展，使第三方在线的大数据监管迅速发展，产生了新的以网络高技术为工具的监管服务业。

各种类型的大数据云计算的第三方监管具有在线实时、精准高效、地位相对超脱、依法公开等特点。它既充实了监管服务业的种类，又为新型商业链的全流程监管提供了重要的支撑。由于其运用大数据云计算技术，比原有各种中介都更有优势。正在兴起的各类网络大数据监管服务，一开始就展示出强大的魅力与前景。

具体可细分为：

1. 具有法律效力的第三方大数据及证据监管服务。

包括文字大数据、音频大数据、视频大数据的监管服务。《最高人民法院关于适用〈刑事诉讼法〉的解释》第九十三条，明确了我国具有法律效力的电子数据必须满足相应的条件，为开展第三方大数据监管服务提供了法律保障。杭州有一家由律师创办的"安存科技"公司，为各方面主体提供具有法律效力的大数据证据服务。自创办以来，该公司已经和28个省级行政区的107个地区的公证处签订了合作协议。目前已经有110个地区的法院使用了安存电子证据服务，预计年底达到500多个地区。主打产品"安存语录"和"公正邮"用户已经超过百万，其中"安存语录"已经和三大营运商总部合作，与22个省级电信运营商合作运营相关产品；"公正邮"已经对网易7.5亿用户全面开放，逐步推广。其特点：一是收集电子数据品种广泛，包括文字数据、通话语音数据、视频数据等等，所有的数据均可追根溯源，事后单方面无法人为修改变更；二是定向监管过程全面，任何商事约定的变更，包括用手机电话等方式商定的过程，可全部记录在案（库）；三是依法采集，效力可靠；四是自愿参加，收费合理公道。

具有法律效力的大数据证据服务，为监管新型商业链的违规行为提供了全面的基础的服务，有效解决了网络经济违约取证难的问题。

2. 第三方的大数据信用评价监管服务。

保障网络新型商业链的可信有序，第三方大数据的信用评价服务功不可没。针对新型商业链参与者开展的大数据的第三方信用云计算评价，具有如下特点：一是以每位参与者的全部网上商业交易的履约守信数据为客观基础，所有的数据都来自于商业交易活动的客观的记录，都是在这个商业链内活动的商务行为的数据积累；二是以历史上守信与违信状况为依据，记录的不只是一时一事，而是从开始从业活动到目前为止的实时在线的全部守信与违信行为；三是按统一的标准与规定进行分类评价，对违信情况，按照技术性小微过失、偶然过失、主观故意过失、制度管理性过失、重大违法损害性过失等进行分类，按统一的标准与规定进行评价，具有客观精准性、依规公平性、历史积累性与专业权威性；四是吸收用户、客户参与评价；五是依法提供评价结果，可以公开使用，可为同一商业链参与者提供咨询服务，为商业贸易谈判、信贷金融、工程招标、投资合作等提供服务。

第三方大数据信用评价服务，分同一商业链内部与外部两种服务方式。阿里巴巴集团开始运作的，是集团主导的同一商业链内部的大数据信用第三方评价，如商家信用评价结果、个人信用情况（芝麻信用），为其淘宝网商、互联网金融客户服务，取得了积极的成效。现在，它已探索开展对自己主导商业链以外的机构与单位提供依约服务。

应该看到，市场信用的缺失是网络经济发展的致命伤。大数据第三方信用评价服务的发展，将为网络经济健康发展创造重要条件，奠定重要基础。我们要高度重视，助推发展。

3. 第三方的网络安全监管服务。

主要是为各网络云平台提供安全保障服务，如杭州的安恒公司。这类网络安全监管的保障服务，同样间接地为新型商业链的有序运作提供了保障。

4. 有效的行政性执法监管。

即各行政执法部门的依法监管。由于我国行政部门职能设置的划分仍然过细，容易产生"铁路警察各管一段"的弊端，所以要深化"大部门"体制改革，继续推进综合执法的体制建设；继续完善联合执法机制，推动行政执法监管的有机协同。

5. 严格的司法机关依法监管。

司法机关的依法监管是最后一道环节的监管。要进行完善法律法规，推动司法体制的改革，建立严格执法、严密执法、公正司法、廉洁司法的体制机制。行政与司法机关的依法监管，重要的是要适应网络化、新型商业链的时代变化，应重点加强的有三点：一是要加强与大数据云监管平台的衔接。大数据云监管平台为快速受理、快速精准的事实调查取证、快速的民事商事协商沟通、快速反应的对违法行为的精准打击创造了条件，要适应网络化的节奏改进执法工作。二是要改革完善执法体制。要适应新型商业链社会化消费与生产大协同的变化，对跨企业、跨行业、跨领域、跨地区甚至跨国的商务行为，要大力推进综合执法的体制变革、联合高效执法方式的探索，改变与小生产方式相适应的、铁路警察"各管一段"的执法体制。三是要健全执法、司法组织。要建立完善网络型的刑侦、经侦、民事侦察、检察、审判组织，加强并改善网络行政执法与司法"衔接"工作。要大力培养熟悉网络的执法人才，提升网络执法能力。例如，阿里巴巴通过多个数学模型，经云计算可发现高度疑似制售假冒伪劣或侵犯知识产权产品的商家，并通过高德地图进行准确定位，甚至可以绘制出"问题"地图。这些数据可推送给相关执法部门，执法部门可运用这些数据进行精确检查，搜索证据链，并进行执法。此外，在执法过程中，可能涉及多个制售环节和商家，也可能跨市、跨省甚至跨国。因此，需要建立适应电子商务的跨地区的以及跨国联合的执法与司法体制机制。

应该指出的是，上述五个方面的新型商业链的监管力量，加上现代化的监管方式与体制，组成了新型商业链的监管体系。这是一个分工明确、依法运作、工具先进、模式新颖、功能完备、机制可靠的完整的整体。它们之间的互相配合、高效运作、良性互动，不断提升着现代化的监管水平。

三、 更严密的监管体制

更严密的监管体制，是良币健康有效地驱逐劣币的体制，是依法、依规、依约严格、严密、高效的管理体制，是违法必究、违规必处、失信必惩、违约必理的体制。

更严密的监管体制是建立在企业内部、同一商业链内部、消费与生产大协同各方之间、行政执法、国家司法等各方协同支撑基础之上的依约依法监管体制。

完善的管理制度、严格到位的制度执行，必将开拓网络化、市场化、法治化、现代化的美好未来。

第八章

从物联网到机器人革命

REMARKABLE

NETWORKING INNOVATION

所谓的第二次机器革命，其实主要是一场机器人革命；在制造大国开始涌现的快速成长的"机器换人"，最主要的是因为"机器人换人"。作为世界制造大国的中国，2013年工业机器人销量达36500台左右，首次位居世界第一；2014年保持着高速的增长，销量达56000台左右，同比增长54%。[①] 这样的增长速度在今后的相当长时期内将继续保持下去。浙江的"机器换人"工作开展得早，机器人用量约占全国15%，成为机器人的使用大省。这场网络应用支持着的机器人革命，其产生具有技术进步的客观性、广泛的适应性和社会时代变化的必然性。

---

① 资料来源：《2014年我国工业机器人销量猛增54%》，光明网2015年7月28日，http：//news. gmw. cn/2015－07/28/content_16452393. htm。

第一节　机器人革命

现在学界与业界对新技术革命与产业变革的表述多种多样，但大的方面越来越趋于一致，主要是信息新技术引发的产业方式的革命。

在笔者看来，上述革命或变革都是网络化的大变革。网络化的大变革包括两个方面：一是移动智能终端发展以后产生的"移动互联网革命"，主要表现是商务、金融、文化、娱乐、媒体等服务方式与社会治理方式发生了变革；二是物联网革命，主要表现为农业作业方式、工业制造方式发生了变革。从云、管、端为一个体系的网络定义看，大数据是互联网与物联网的组成部分，是云计算管理与服务的对象，是一个体系的构成部分，是不能拆分的。所以，大数据革命就是网络化革命，它们是一回事，只不过是表述的角度不同而已。

机器人革命亦然，其实也是云、管、端（机器人）为一个体系的网络化革命。称其为机器人革命，只不过重点是从物联网"端"的角度去表述这场革命而已。说到底，物联网的"端"是"器物端"，主要是机器与机器人。其实机器与机器人同样都是人们干活的"帮手"，都是人的某些器官功能的"替身"。机器是机器人的组成部分，机器人是机器的发展，两者没有本质的区别。在电子专家眼里，机器与机器人都是可由网络控制的"电子玩具"或"电子工具"。在物联网的应用中，任何一部可联网的机器，也可以泛称为机器人。传感器与高清探头等就像人的眼睛、耳朵、皮肤等功能的延伸，同样可以把它们视作物联网的"机器人"。

当然，从不同的角度去研究网络化的大变革，其意义是值得肯定的。作为物联网终端的机器人，在网络化的大变革中具有极其重要的地位，值得做专题研究并介绍。

在学界和业界，有人将工业机器人称为工业装备皇冠上的明珠，也有专家学者把机器人称为第二次机器革命或第三次工业革命的主体或主角。

埃里克·布莱恩约弗森与安德鲁·麦卡菲在《第二次机器革命》里写道，第一次机器革命的成果是机器帮助人类干体力活，就像蒸汽机替代人提供动力，汽车替人运更重的物料等，可简称之为"机器帮人"。第二次机器革命的成果是机器替代人类既干体力活，又干智力活，如工业机器人巡检自动化生产线、无人智能自驾汽车运输货物，可简称之为"机器换人"，其本质是机器人换人。

第二次机器革命与第一次机器革命的不同，在于前者中的机器是智能的，是与平台、通信管网相连，组成一个体系来工作的。

两次机器革命的经济与社会意义的不同点在于，是否对经济社会产生革命性的作用。因为第二次机器革命的本质是"机器人换人"，所以人类在就业、产品与服务的提供等方面将面临与智能机器人的残酷竞争。同时，在第二次机器革命时代，由于机器人与智能机器的劳动成本很低，生产效率又很高，"人们可以更高的质量与更低的价格消费更大体量与更多种类的产品"。

另外，在很多情况下，第二次机器革命时代的新产品与服务都是免费的。"我们把'技术进步'这种幸福、美妙的现象称之为'红利'，从娱乐到教育，再到健康护理……在任何方面，我们对这种红利都能感同身受。"边际成本近乎零的社会和技术的指数式进步，促进了协同共享时代的到来。"但我们讨论认为：这种进步所带来的重要影响不仅仅是使红利增加，同时也带来了各种分化：在高技能和低技能的劳动者之间，在资本和劳动力的回报之间，以及在超级明星和其他劳动者之间。"①

第二次机器革命给人类社会发展带来了巨大变革的正能量，同时又给人类的未来带来了挑战：既然许多人的职业岗位将被机器人所取代，那么人们未来的职业岗位在哪里？培养适应未来职业岗位人才的高等教育、职业教育以及基础教育又需要进行怎样的改革？既然被机器替代的人员下岗将不可避免，那么保证社会和谐稳定的失业保障、养老保障、住房保障、医疗保障以及社会救济制度，又应该怎样进行适应性的制度创新？

所以，第二次机器革命，不仅带来了"机器换人"，带来了生产方式、制造方式与服务方式的大变革，也带来了经济与社会变革的新课题与新需求。2013 年，牛津大学调查了美国 702 种工作，并分析了未来 10—20 年被机器人取代的可能性，其中 47％的员工肯定会被替代，19％的员工有可能被替代。

因此，《第二次机器革命》中文版的序在结尾时写道，"我们希望这本书能够鼓舞并激励（中国）进行更多第二次机器革命时代所需要的变革"。

---

① ［美］埃里克·布莱恩约弗森、安德鲁·麦卡菲著，蒋永军译：《第二次机器革命》，中信出版社 2014 年版，中文版序。

第二节　机器人的技术进步

一、机器人的构成及应用

机器人是机械与电子一体化发展的产物，开始主要包括机械与电子两大部分，但随着网络技术的发展，其电子部分相对越来越扩展，电子部分的价值比重越来越高（如先进汽车电子部分的价格已占整部汽车的70％以上），工作运行的体系越来越完善。其结构与使用特征是：

（一）一般机器人的结构比较简单，智能程度低

一般机器人的主要结构包括机械作业装置、驱动器、减速器、控制器四个基本部分。这类率先发展的简单加工的工业机器人，可以单独与另一台加工机器组合使用，特别适用于个体工业加工户与小型加工企业，广泛用于冲压、打磨、抛光、涂料等简单且有运动规律的工业加工环节。

一般机器人又称简单功能的机器人，其实亦可称之为机器手、机器肩、机器眼（各类高清探头、传感器）等，只能替代人的某一器官的简单工作。随着机器人使用领域的拓展，机器眼、传感器等机器人又开始广泛用于城市交通、城市管理、安全防控以及水利环保工程等领域。

（二）高端机器人的结构比较复杂，智能程度高

高端（智能）机器人的主要结构包括多关节等复杂功能的机械作业装置、高精密度的减速器、高精度伺服电机及驱动器等动力装置与整体移动装置、高清精密的视频检测与传感系统、高性能定位与操作控制系

统。这类高端机器人的典型代表有采茶机器人、护理机器人、医疗手术机器人、应急救援机器人等。

（三）一般机器人与高端机器人的使用具有显著区别

一般机器人可以单独与其他机器一起组合起来使用，高端机器人大多在网络体系与环境里使用。比如，医疗手术机器人会在医疗物联网的调控下进行定向精准手术。

二、 机器人技术的进步与作用

（一）机器人制造成本的下降

基础电子等专用材料的开发、基础加工工艺的技术创新、软件开发的速度加快以及上述技术的集成，加快了嵌入芯片，内置式的传感器、驱动器、减速器、控制器以及机器装置的发展，并且导致了机器人制造成本的快速下降，提高了简单功能机器人使用的性价比。

在美国，一个简单功能的机器人的价格已降到了 4300 美元，相当于我国制造业工人年均工资的 80％左右。我国生产的简单功能机器人的价格，亦只有 5 万元左右。这样的价格极大地推动了简单机器人的市场成长。许多企业家津津乐道的是，使用一台简单机器人，其投资成本相当于一个工人的一年年薪及缴费补贴等开支，但至少可以使用十年，相当于节省了九年的工资支付，经济上相当合算；且十分听话，好管理，让它加班就加班，工作情绪稳定，不知疲劳，不要加班工资，不会讨价还价，不请假，不闹情绪。

简单功能机器人适合与加工机器联合组成智能制造小组合，亦可以用于自动化生产线，还可以在物联网环境中使用，特别受到个体工业加工户、中小型加工制造企业的欢迎。占 98％以上比重的中小企业与个体工业加工户是使用简单机器人的生力军，制造业大面积"机器换人"的时代亦因此首先到来。

（二）集成性的识别与控制技术的进步

作为网络大数据的三大技术，数字技术、语音技术、视频技术逐步向数字指令识别与控制、音频识别与控制、视频识别与控制的应用集成发展。近年来，语音指令的声频控制技术取得了突破，已开始在手机上实际应用。手势等行为指令的视频控制技术也取得了新的突破，开始在残疾人代步车上使用。聋哑残疾人只要眨一眨眼睛或打一个相应的手势，残疾人代步车便可以前进、后退、加速、减速、拐弯。可期待的是，数字指令控制技术、音频控制技术、视频控制技术的集成应用，已被有远见的大公司推进到先期研发与应用的实验阶段，其投入应用指日可待。其中，数字指令控制技术与音频控制技术的集成应用，或者数字指令控制技术与视频指令控制技术的集成应用，已经在新一代智能手机上开始使用。这些集成类控制技术用于机器人领域将是水到渠成的事情，音频控制技术或视频控制技术在残疾人代步车上的开始使用就是一个先兆。可以预期的是，当高清视频技术与空间定位技术集成在机器人上使用时，具有最复杂的辨识与定位技术的机器人，比如采茶机器人、手术机器人等，就可以批量生产并投入应用了。

数字指令控制、音频控制，尤其是高清视频控制技术的进步，使高端机器人精准定位与操作控制系统大为提升，为复杂机器人的应用打开了大门。

功能稍复杂及多功能的机器人与简单功能机器人的不同点，在于前者必须具有精准识别操作与控制系统，再就是多关节与复杂功能的机器作业装置。比如采摘西红柿的机器人，除了具备简单采摘功能的机器手之外，必须具备对全红、部分红的西红柿及绿色枝叶的色彩识别功能，必须具备对成熟西红柿的精准定位功能与对机械手的高水平的控制功能，才能精准采摘成熟的西红柿。多功能传感器识别定位控制技术的发展，手机等自动定位与控制技术的开发与不断进步，都为多功能机器人的定位与控制提供了可靠的支撑。

（三）云在高端机器人中的运用

云与机器人（端）联合识别定位与操作控制技术的集成与应用，进一步降低了复杂识别定位、操作控制的技术开发难度，降低了高端机器人的生产使用成本，把高端机器人从实验试用阶段推向了实际应用阶段。

云与高端机器人联合进行识别定位（确认）与操作控制，改变了机器人原来单纯依靠自身控制器进行操作调控的状况，变成了由机器人视频与传感器采集数据、由云存储的大数据进行分析比对并识别定位（确认），形成了可精准地进行数字、音频尤其是视频识别、定位、确认的系统体系，使"云平台的智能操作控制＋机器人精准作业"的应用模式创新得到了实现。

云与高端机器人联合识别定位与操作控制，这既是技术的集成创新，又是网络的应用模式创新。这是将原来集中在一个机器人之上的数据采集、定位识别、精准调控、指令执行四项基本功能，变为将定位识别、精准调控指挥的功能置于专有云上，而机器人只保留数据采集与指令执行两个功能。这样，通过物联网的云、管与机器人端之间的体系性的合作，来提升机器人的作业能力与保障水平。

由于上述技术集成的进步与网络应用模式的创新，云平台为机器人提供了极其丰富的大数据服务。比如无人驾驶的智能汽车，可以借助网络系统的优势，凭借在汽车上立体布设的各种探头、传感器等信息数据的采集优势与云平台的电子地图和数据库的优势，消灭单个机器人视野的"死角"，为汽车的前进、后退、左右拐弯提供上下左右、身前身后的运行环境服务，加上云平台与汽车的操作控制系统的精准服务，使无人驾驶汽车的可信、可靠、安全运行的品质大为提高。

物联网云平台使机器人与机器之间、机器人与机器人之间、机器人与作业环境之间系统高效协同的保障能力得到了提高。云平台具有大数据的应用优势、云计算操作控制的服务优势、系统协同的优势三大基本优势。系统协同机器人与机器之间、机器人集群、机器人与作业环境之间的工作，非云平台莫属，这亦是物联网大发展、大应用的必然趋势。

云平台与机器人之间的集成使用，终于全面打开了机器人广泛应用的时代大门。

第三节　机器人时代的必然

对于"机器换人"的提法与做法，许多人往往站在非实际与非理性的立场上进行评价。比如说，我国是人口大国，就业压力大，应该贯彻就业优先的方针，不能搞"机器换人"，至少不宜进行大规模的"机器换人"，更不能提倡"机器人换人"。

对于上述想法，笔者是十分理解的。就业关系到每个人的价值与尊严、家庭的和谐与幸福、社会的安定与福祉，在西方国家还关系到政治家的选票，谁也不能、更不敢简单视之。国家统计局于 2015 年 1 月 20

日发布的数据显示，2014 年我国 GDP 增速略好于此前各界的预期，但全年经济增速仍创下自 1990 年以来 24 年的新低。除了受到经济转型的影响外，经济减速也来自于人口红利的消退。劳动年龄人口的比重已经连续第三年下降，对经济发展开始显露负面影响。

当天一并发布的数据还表明，中国 16—59 岁的劳动年龄段人口在 2014 年进一步减少了 371 万人，减少的数量比 2013 年的 244 万人进一步增加。之前，2012 年时劳动年龄人口首次减少了 345 万人，不过当时的统计口径是 15—59 岁。

与日本在 20 世纪 80—90 年代所经历的状况相似，中国在劳动年龄人口总数见顶之际，也开始经历了经济减速的过程。劳动年龄人口规模的下降是一把双刃剑：一方面，这的确在一定程度上缓解了就业压力；但另一方面，这也提高了劳动力成本，并影响到制造业和出口行业的竞争力。在一定程度上，中国此前所经历的那个廉价劳动力近乎无限量供给的时代，已经一去不复返了；而在过去 30 年间，充足的劳动力资源供给是助推中国成为"世界工厂"的主要动力之一。

因此，机器人时代的到来是人类社会发展的必然，并不会因为人们的主观善良的愿望而改变。因此，我们当前的任务是，应当结合中国实际来理性研究"机器换人""机器人换人"的客观必然性，并力求在结合实际、理性研究的基础上，实事求是地科学应对，采取更加精准的、积极主动的有效之策。

"机器换人"的机器人时代的到来具有客观必然性。除了本章第一节讲的技术的必然性外，还有社会的、经济的、市场竞争的必然性。

20 世纪 80—90 年代出生的人成为工作"主群体"，推动着机器人应用时代的到来。在 20 世纪初，毛泽东思想的深刻处之一，就在于揭示了

"不懂得中国农民就不懂得中国的革命"的真理。依此演绎一下，在 21
世纪上半叶，可能是"不懂得 80 后、90 后主群体就不懂得 10 年后
（2025 年后）的中国"。目前，80 后、90 后的就业人口比重已占总就业
人口的一半以上。再过 10 年，80 后、90 后人口的就业比重将达到 80%
以上。80 后、90 后是"网络原住民"，这是他们的最大优势。随着传统
工业社会向网络经济现代社会的转型发展，尤其是从小就接触新鲜事物、
崇尚个性与自由的 90 后一代，蕴藏着一大批"极客"（Geek）。美国畅销
书《极客与怪杰》对"极客"首次作了描述："极客"主要是指年龄在
20—30 岁之间的群体，他们从小就怀揣远大理想，立志到 30 岁时就要
改变世界，做有意义的事情。"极客"代表了一种蔑视常规的商业力量，
他们具备全新的商业视野和手法，比尔·盖茨、乔布斯、迈克·戴尔、
马云等都是其中的杰出代表。由于他们的思维方式能与网络时代接轨，
且不惧怕失败。因此，在这些人中肯定会继续涌现出乔布斯和马云之类
的人物。这是 80 后、90 后的主流性的优势，是必定会超越他们父辈的
优势所在，也是人类历史向更高级形态发展的希望。

但是，我们还要看到 80 后、90 后的另一面，就是他们吃苦耐劳的
精神相对不如他们的父辈，他们更愿意以他们的智力来解决面临的问题，
而不愿意用体力去解决面临的问题，为解决面临的问题吃苦流汗。他们
不愿从事"脸朝黄土背朝天方式的农田插秧与收割"的劳动。比如，作
为茶叶产地的浙江，现在雇用的采茶工多来自于河南 40 岁以上的妇女，
200 元一天的工钱还要包吃包住并报销来回的路费。某茶场公司负责人
告诉笔者，茶叶的收入已只够勉强维持。因此，当 50 后、60 后老去之
后，谁来种田、种菜、种茶、养鸡、养鱼？这是我们从现在就要开始思
考的一个问题。在制造业领域，谁来从事动作简单重复、噪声大、环境

差、安全风险多的岗位？在服务业领域，十年后谁来洗碗、端盘子、抹桌子，照顾缺乏自理能力的老人？谁来扫马路、运垃圾，从事城市卫生的工作？任何时候，人们都不可能不吃不喝、不穿不住、不打扫卫生。这是人类社会不得不面对的课题。

出路只有一条，就是让机器人来干这些80后、90后不愿干的活！因此，农业的现代化、制造业的现代化、服务业的现代化，其实就是"物联网＋机器人"的现代化。以机器人武装农业、武装制造业、提升服务业，具有社会发展的必然性。解决就业的思路，不能局限在就业总量的供给上，而要从就业结构的有效性上去谋划。

市场的激烈竞争和环境保护、安全约束的加大，推动着机器人时代的到来。市场竞争的主体是企业，本质是企业家的决策，政治家的选择并不能替代企业家的决策。企业第一位的任务就是赢利，这是谁也无法改变的定律。经济发展进入新常态的阶段，意味着模仿型排浪式消费、比拼低端规模优势、比拼低工资低成本优势时代的结束，节约材料、节约能源、节约人工成本、节约财务成本、节约环境治理成本与提供精准的个性化的中高端的产品或服务的双重竞争又进一步展开。企业家为取得新产品、新服务或"新技术产品＋新技术服务"的优势，必然会广泛应用网络与机器人。同时，保障劳动生产的安全、各类工程施工作业的安全、人们健康安全的法律法规与越来越严格的依法治理，也在促进机器人的广泛使用。机器人的发展，具有经济发展、市场竞争的必然性。

老龄化社会的到来，加快了机器人的发展步伐。据2015年国家统计局报告，我国60周岁以上的人口占总人口的比例已达到19.5％，相当于每5人中就有1个60岁以上的老人。截至2014年年末，浙江省60周岁及以上户籍老年人口有945万，约占总人口的19.4％。按照联合国的

60 周岁以上人口占总人口 10％以上就进入老龄化社会的标准，我国在 2000 年、浙江省在 1994 年就已进入老龄化社会。这只是问题的一个方面，另一方面是我国长期实行的计划生育政策虽然取得了巨大的成就，控制住了人口无节制的增长，但也带来了独生子女家庭与老龄化社会的新矛盾：年轻人要上班，要生儿育女，一对夫妻同时要照料四位以上的老人，这使他们力不从心。

主要出路有两条：一是依靠科技进步，使老年人在机器人的帮助下，尽可能自己照顾自己；二是依靠社会化、市场化的方式，发展老年人服务业。由于我国是"未富先老"，国家与个人的财富积累水平低，在相当时期内比较切合实际的办法，恐怕还是采用居家养老、老年人借助机器人来照顾自己的模式。因此，帮助打扫卫生、洗衣做饭等替代体力劳动的家用机器人，根据不同运动兴趣陪同老年人进行健康运动的教练与陪练机器人，帮助起居行动不便老人的护理机器人等，将会有越来越大的市场。做刀削面的机器人、酒店端盘子的机器人的成功开发，预示着餐厨"田螺姑娘"机器人将会接踵而来。随着机器人嵌入式高端芯片功能的进步与价格的下降，相信不用太长时间，各种老年服务机器人将成为年轻人表达孝心、表达对老年人关爱之心的最好礼物。

特殊功能的需求，促进特种机器人的发展。现代社会越进步，特殊的需求就越广泛。高强度、长时间的体力消耗与高精准度作业的双重要求，比如大型胸腔、腹腔的手术，往往一台手术需要五六个小时以上，需要两三个医生轮换上台手术，而且对手术的质量要求又非常高，因此引发了跨国大公司与科学家开发手术机器人的兴趣，发达国家已经耗费巨资进行研究，并取得了喜人的进展。人口的增加、人类活动的扩大，各种灾难发生的几率增加，使应急监测类机器人、应急救援类机器人大有市场。如在火灾的应急救援中，一些烟雾超标、视线不清、人们难以进入的区域，消防救援机器人就可以进入，抢救被困人员或实施精准灭火救险。水下作业等工程的特殊施工、维修、检查探测等特殊需求，也推动了各类工程检测、维修、施工类机器人的开发。

就业模式与体制的改革，将为机器人的发展创造更合理的环境。机器人的发展，自然会减少传统型就业的机会；但就业模式与相应的体制改革，又可以积极有效地调解这种矛盾。人均国民生产总值达 3 万欧元以上、生产力相对发达的北欧国家给我们提供了解决这类矛盾的启示。比如，芬兰 2011 年人均 GDP 就达到了 3 万多欧元，但其企业员工的年上班时间仅为 180 天左右。这样一种就业模式有其独特的优势：其一，用减少个人的上班时间来扩大就业面。年工作 180 天左右的工作模式，等于把原来一个人一年的工作分给了两个人。其二，其余不上班的时间也不都是休假，还包括了参加学习与相应培训的时间。因此，芬兰是全世界人均读书量最多的国家，年人均读书 11 本以上。这有助于建设学习型的社会，提升就业大军的质量与素质。其三，增加个人的休假时间，有利于扩大消费、促进发展并提高生活质量。由此看来，北欧福利型社会的发展，也有两重性，同样给我们提供了某些可以借鉴的启示。当然，实行这种就业模式的前提是人均创造财富的劳动生产率达到极高水平，不可简单模仿。

目前，我国的年人均国民生产总值比芬兰低很多，但年均节日与周末休息日累计已达 110 天左右。当然，我们不能简单地移植芬兰的模式。但随着机器人的使用、技术的进步、年人均国民生产总值的增加、创造社会财富能力的增长，实行六小时的日工作制，或逐步增加年休息日的天数，相应改革就业的方式与体制，还是可以大有作为的，是可以兼得发展机器人与扩大就业面、提高生活品质、扩大消费与促进发展等多重"红利"的。

第四节　务实有序地推进机器人产业发展

适应经济社会发展的要求，健康推动机器人产业的发展，是一项系统工程，要兼顾当前与长远，统筹市场开发与技术创新，切忌一哄而上、一挫就退，要突出重点、应用引领，务实有序地进行。

要从打通机器人产业链中求发展：一是发展"画"机器人的，就是发展"机器人设计"与"机器人工程设计"公司；二是发展"做"机器人的，就是发展"机器人制造"产业，其中包括机器人整机与机器人用的伺服电机、控制器、减速器、传感器、作业装置等关键元器件、部件与模块件；三是发展"装"机器人的，就是发展"机器人工程"公司或"智能制造工程"公司；四是发展"帮"机器人的，就是发展机器人服务业，其内容有机器人维修服务业、机器人在线监测服务业、机器人改装服务业、机器人回收拆装再利用服务业，等等。

一、坚持市场需求引领，着力先开发中低端机器人市场

要致力于替代简单枯燥、体力消耗大的劳动，重点开发冲压加工、物件移动搬运等机器人；要致力于替代气味大、粉尘多、健康影响大、安全保障难的岗位，大力开发电焊、喷涂、上漆、除漆、抛光、畜牧养

殖等农业和制造业用的机器人；要注意关心环卫工人的工作与健康，着力开发垃圾清运、污水管网检查清理、水下设施维修等工程类的机器人；要关心餐饮酒店从业人员的工作与春节重大节日的工休矛盾，致力于开发洗菜、刷碗、送菜类的机器人；要关心风里雨里野外露天作业的农民、工人，致力于开发农业工程、水利工程、建筑工程、环保工程类的简单施工作业的机器人；要关心公安交警的身心健康，积极开发交通指挥管理的机器人，等等。通过满足中低端机器人的市场开发，积累经验、人才、技术与资本，达成社会共识，避免冒进损失，可以实现机器人产业的精准、有效、有序、健康发展。

二、坚持行业应用突破，不搞贪大求全

作为一家生产机器人的企业，当前一定要抓住某一行业使用的机器人不放，切不可农业用、制造业用、服务业用、家庭用、工程使用的机器人都去开发，全面开花，贪大求全。贪多嚼不烂，别因求全而不成功。

重点主攻某一行业使用的机器人，有以下诸多好处：一是有利于紧贴行业的特点与需求，开发更适合行业装备、管理需求的机器人。每个行业的生产加工装备都是不同的。行业用的机器人是要与行业使用的装备协调配合起来使用的。只有对这一行业的生产过程、装备产业的发展水平、管理品质等要求有足够的了解，才能更好地开发适合这个行业的不同生产环节的系列机器人，才能在不断加深对这一行业了解的基础上完善、提升机器人的发展水平。二是有利于打造企业的品牌。要下决心解决我国忽视产品质量、轻视稳定品质的问题，致力开发稳定性强、质量好、安全性能优秀的机器人。经济发展新常态时期的市场，是讲究精准服务的市场，是不断细分、追求品质水准的市场。市场的细分是为了

高品质的客户体验而形成的。产品召回制度的建立，使今后一个产品与服务的不足、瑕疵就可能影响到一家企业的生存。因此，一个企业主攻一个行业使用的机器人，可以最大限度地避免因机器人粗制滥造带来的经营风险。同时，在机器人市场刚刚进入应用开发的时候，一个企业主攻一个行业使用的机器人，也有利于企业自身在某一具体行业里赢得口碑，建立起客户安全放心、可以信赖的企业形象。三是有利于加强与块状经济、当地政府及业界学界政界社会各界的合作。由于国际分工的推动，块状经济、特色经济已遍布各国，在浙江省更是十分明显。在推动产业转型升级中，加强以"机器换人"为重心的技术改造已全面展开，以企业为代表的产业界，以科研机构为依托的科技界，以实施鼓励节材、节能、推动生态发展的政界，都在以直接或间接的方式支持本地主要行业、企业使用机器人。因此，生产行业使用机器人的企业在开拓块状经济行业使用机器人市场时，比较容易得到当地各界的大力支持。

三、坚持商业模式创新，实行卖机器人与安装机器人的工程并重

要开拓机器人市场，光卖机器人可不行；只有既卖机器人，又帮助做安装机器人的工程才行。把卖机器人的生意与安装机器人的工程合起来，这才是商业模式的创新。这是为使用机器人的企业客户提供"一揽子"解决问题的商业模式。因此，要围绕蔬菜大棚等设施农业，兴办卖机器人与安装蔬菜大棚设施的农业信息工程公司或农业云工程公司；围绕养鱼、养鸡、养猪场的现代化，兴办农业养殖场信息工程公司；围绕制造业不同行业机器人的应用，兴办医药化工、材料化工、造纸、印染、建材等流程工业云工程公司；围绕制衣、制鞋、纺织等行业的机器人销

售，兴办离散工业的信息工程公司；围绕治污、治堵、治霾与解决看病难等民生问题，兴办环保机器人工程公司、智能交通工程公司、智能医疗工程公司。

四、 坚持产业技术创新， 不断突破机器人技术难题

要着力推动科技与经济体制改革，突破科研与市场需求及产业"短板"脱节的研发体制障碍。要坚持科研为解决市场需求、突破产业"技术短板"服务的正确导向，真正发挥创新驱动发展、创新驱动升级的作用。要围绕机器人产业发展的现实需求、需要突破的难题，组织技术精准攻关，避免隔靴搔痒。一是大力开发机器人嵌入式芯片的设计、制造技术，突破机器人驱动器、控制器、减速器等关键器件的制约。要通过自主创新，改变高端芯片基本依靠进口的局面，以不断提高机器人适用水平，降低相应成本，提高机器人市场开发能力。二是开展机器人辨识与定位技术集成的攻关，提升中高档机器人开发能力。要致力于文字指令、音频指令、视频指令技术的集成，特别是高清视频技术与空间定位技术的集成，以完成由采摘西红柿的机器人向采摘茶叶的机器人的跨越。三是开展机器人新材料技术、低功耗与无源技术、生物芯片等技术攻关，努力实现" IT （ Information Technology， 信息技术） ＋ EMT （Equipment Manufacturing Technology， 装备制造技术） ＋ BT （Biological Technology， 生物技术）"的集成，推动各类复杂环境检测机器人的开发，包括开发植入各种动物内脏乃至人体血管的机器人。四是要开展机器人物联网的大数据云计算技术的攻关，开发机器人物联网的云服务平台。五是开展机器人的装备技术攻关，开发灵动的多关节的机器人，开发移动智能的机器人、巨型化与微型化的机器人与应急救援等

特种机器人。

五、 兼顾机器人技术与工艺、 工程类技术的融合

机器人技术解决了运动执行、智能识别与大数据联络的诸多难题，但产生效益还有赖于工艺或过程类技术的同步发展，两者是相辅相成、密不可分的。以激光打孔、焊接为例，假如工艺落后，即使自动化程度再高也难以保障企业的市场竞争力。

工业机器人的应用，尤其是在先进制造领域的应用，必须重视先进制造工艺的进步与突破，这是制造业的内功，也是基本功，是我国许多重大领域技术突破的瓶颈所在。目前，中国航空工业存在缺高性能发动机的"心脏病"，原因之一就是一系列加工工艺和材料工艺没有掌握，而西方又对中国实行相关技术的出口限制。

此外，工艺研究应该积极向智能化工艺系统靠拢，与过程类智能技术融合，主动跟上信息化时代的潮流。信息化、网络化、个性化、智能化为高端制造业创造了新的创新维度。非工业类的功能实现可以统称为工程类技术，比如服务类机器人、农业类机器人、消防类机器人等，均涉及各行各业的主题功能的实现技术。

"机器换人"对工艺类和工程类技术研究提出了新的挑战，工艺的进步同时为智能化、信息化提供了新的自由度。扶持"机器人换人"计划的同时，要同步扶持工艺与工程类技术的研究。工艺与工程类技术的发展是另一个重大命题，是制造强国战略的重要组成部分，是实现原创性技术的关键保障之一。这方面的内容很多，在这里不做过多赘述。

六、 积极探索中国特色的新机器革命道路， 引领世界范围的新工业革命

新中国成立后，经过 60 多年的探索发展，中国已经成为世界第一大工业生产国。预计到 2020 年前后，中国将成为世界上最大的经济体。西方国家提出新机器革命、第三次工业革命、工业 4.0 等概念，中国在跟随潮流的同时，应该探索如何更好地结合国情，去引领世界范围的新的工业革命。

机器人革命是以制造业为主体的革命。中国作为世界第一制造大国的地位，是率先实现机器人革命的最重要与最有利的条件。机器人革命是制造方式、制造产业的革命。中国有条件、有能力重点突破，在相当数量的行业、相对市场容量大的领域铸造世界领先的新型制造优势，在引领世界工业制造革命中实现建设工业强国的目标。

要致力于在坚持信息化和工业化深度融合的过程中，在解决中国工业化与生态环境建设的矛盾中，探索中国特色的新机器革命的道路。中国自 1978 年改革开放后，经济获得了高速发展，但同时也付出了沉重的环境代价。资源瓶颈、雾霾、污水、土地污染与退化等生态问题，已经成为中国进一步发展的重大挑战。走先污染后治理的老路，不是中国发展的最佳选择，这是由中国的人口和资源的特点，以及我们所处的时代所决定的。我们要探索出一条建设工业强国与实现绿色发展双赢的道路。

走中国特色的新机器革命道路，可以明确的一点是：新机器革命的根本目的，不应该是一味地追求人类对大自然的无节制索取，而应该是以生态环境的永续发展为约束，不把人类的利益无条件地加在生态破坏之上。以新机器革命为特征的智能制造、物联网制造已经为我们实现工

业强、生态美的目标开辟了通道，我们要在实施《中国制造 2025》中，使之变成现实。

从更大的层面上来讲，近 300 年来，西方主导了人类社会的现代化发展进程，形成了当今的格局。新机器革命及新工业革命不应该仅仅是新技术革命，更应该是产业革命，是东方国家相应强大的时代与新人文革命的时代。新人文革命应该让人类告别传统商业经济时代，进入智慧经济时代；告别人类主观任性、过度索取的时代，进入遵循规律、天地人和、永续发展的"道"（规律）本主义时代。以中国为代表的东方文明自古以来就追求天地人和，古老的东方智慧在新机器革命和新工业革命时代必将焕发新的生命力。随着中国经济、政治、技术、人文方面的快速发展与进步，中国引领世界范围的新工业革命、新人文革命的时代也会到来。主动、积极地适应并应对新机器革命，系统高效地推动新技术革命，是这个宏伟蓝图与"中国梦"的重要部分。

第九章

主攻"智能制造"

REMARKABLE

NETWORKING INNOVATION

"智能制造"将由主导阶段向主流及主宰阶段跨越，这是一个不会逆转的大趋势，这就是新工业革命内在的必然要求。

第一节 智能机器成为 "智能制造" 的主角

一、机械装备经历了三次升级

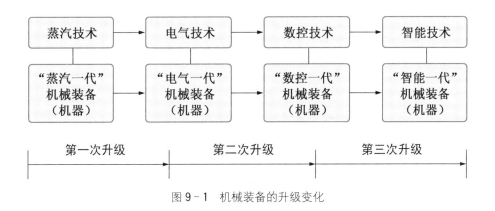

图 9-1 机械装备的升级变化

二、"智能一代" 机械装备 （智能机器） 的构成

（一）智能的眼睛

这是精准的辨认、识别、定位、锁定功能，主要运用的技术有高清技术、传感技术、红外技术、绿波技术、空间定位技术等，其构成的装置有各类高清探头、多功能传感器、微型传感系统等。

（二）智能（慧）的大脑

这是大数据的分析决策、协同调控、指挥运作功能，主要运用的是大数据综合使用技术、云计算（高速、实时计算）技术等，其主要通过嵌入式计算软件芯片与软件系统来实现。

（三）智能（精巧）的手

这是精准的作业与工作装置，主要运用多关节灵巧机械作业装置、减速器、稳定运动控制技术、多角度运动作业协同装置等构成。

（四）智能的相互沟通的方式

人与人之间互相合作时，需要表达请求配合的语言，包括声音、手势、眼神、旗语等各种方式。智能机器之间的合作，同样需要可联络的语言、口令、指令与可联络的网络。基本沟通的语言种类包括文字大数据、音频大数据、视频大数据等。另外，智能机器还分为固定与移动两种，或智能机器与智能机器人两种。

其实，智能机器就是另一种装扮的智能机器人，倒过来讲也行。埃里克·布莱恩约弗森、安德鲁·麦卡菲合著的《第二次机器革命》这本书所讲的机器，就是这么定义的。

三、 智能机器与数控机器的区别

无论是智能机器还是数控机器，都是由各类装置模块通过"积木式"组合而成的。通常"电气一代"的装备作业由动力装置、传动装置、工作装置三个模块组成；"数控一代"的装备则由数控动力装置、数控定位装置、数控工作装置组成；"智能一代"装备由智能传感装置、智能驱动装置、智能计算控制装置、智能减速精准定位装置、精巧工作装置五个模块组成。

"数控一代"装备（数控机器）与"智能一代"装备（智能机器）的区别在于：有没有智能的眼、智能的大脑、智能精巧的手与智能的相互沟通的方式。

造成数控机器与智能机器差别的原因是：

（一）嵌入机械装置模块的"芯片"及软件的技术等级不同

嵌入数控机器机械装置模块内的是初级水平的数字技术芯片，嵌入智能机器的机械装置模块内的是智能技术芯片。如普通手机使用的是"单核单模"技术，而智能手机使用的是"双核八模"技术。

（二）使用大数据技术水平不同

数控机器用的是文字大数据技术，智能机器则综合使用文字大数据、音频大数据、视频大数据技术。如对于视频大数据控制的残疾人助动车，残疾人的手臂或手掌的摆动轨迹的视频数据，就是助动车"行动轨迹"的"调控指令"。再如采摘西红柿的机器人与采茶机器人的区别，就在于对色差辨别的视频技术等级的差异。

（三）相互联系沟通方式不同

数控机器往往不具备或只具备低水平技术的联系沟通能力。智能机器往往嵌入了高水平、多功能的传感器，甚至安装了一组或多组传感器，包括高清探头，形成了单机内部传感系统与高水平对外传感实时互相通信装置，如无人机、无人自驾汽车、无人自驾船舶等。

智能制造装备的优点是能智能编程、自适应控制、机械几何误差补偿、热变形误差补偿、三维刀具补偿、运动参数动态补偿、故障监控与诊断等，有"智能的大脑"。此外，智能制造装备具有高速、高精准度、高性能的特点，如各种高速高精机床、智能加工中心等。

第二节　智能制造成为主导或主宰制造方式的成因

智能机器的发展，使智能制造有了"主角"，从而启动了从"机器帮人"向"机器换人"转变的第二次机器革命。智能制造成为主导、主流，甚至是主宰的成因，是新一代网络信息技术、新材料技术、新的机械制造技术发展的必然结果。

一、 信息技术指数式的增长

正如前面所述，智能机器主要是由嵌入式芯片加装进机械装置模块（如同"积木"的模块）积木式组合而成的，而嵌入式芯片是随着信息技术、芯片材料技术、芯片加工制造技术的进步而不断发展的。如"双核多模"芯片，即智能芯片，主要来自于信息技术的创新，同时来自于散热快、功耗低、材质优的新材料技术与"双核并行多模"布局的精准加工制造技术的进步。

同理，这些技术的进步，使热敏、重力敏、色敏、浓度敏等单一功能的传感器发展成多功能的传感器，成为能同时检测重量、温度、体积、浓度等多功能的智能型的传感器。当这些智能芯片、智能传感器嵌入机械装置模块之中，这些机械装置模块就成了智能装置模块；把这些智能装置模块积木式地组合，或者把这些智能装置模块与高清探头、传感器及软件组成的微系统（智能系统）重组，就成了智能机器。

决定智能装置模块与智能机器诞生的主要力量是嵌入式芯片与智能系统，而嵌入式芯片与智能系统的产生又主要源自信息技术指数式的增长和价格指数式的下降。

1982年以来，CPU性能提高了1万倍，内存价格下降了4.5万倍，硬盘价格下降了360万倍。假如汽车的价格能与硬盘同等速率下降，今天一部新车的价格仅为0.01美元。假如汽油的性能能够以同样的速度提升，1升汽油就能够使飞行器环绕地球旅行573圈。

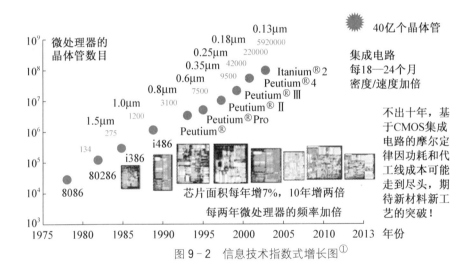

图9-2 信息技术指数式增长图[①]

二、各类技术的集成使用

新的信息技术、新材料技术、新的制造技术的集成，不断推动着智能制造与智能生产及智能服务的发展。

APP软件的开发与智能手机其他软件集成在一起，APP应用软件如

---

① 资料来源：邬贺铨院士《大数据时代与新产业革命》演讲稿，2014年10月29日。

订票 APP、打的叫车 APP、支付 APP、预约厨师 APP 等诸多应用就被开发出来了，不仅带来了随时随地的便利，更让人们的工作生活发生了难以预料的巨大变化。这项软件技术的创新，以其实践证明，在网络技术与材料、生物、制造技术相对比较充分发展的今天，加上"万众创新"的时代背景，任何一项新的发明，哪怕只是一个小小的"微创新"，若被规模巨大、不断累积的原有技术重组集成之后，都有可能产生意想不到的巨变。

跨界融合的生产、制造及服务模式的创新，同样源自大数据存储利用技术、云计算技术、生产过程与工艺技术、业务流程管理技术的高度集成，并以相应的业务架构作为这种集成的依托。软件定义世界。从生产模式创新、制造模式创新及服务模式创新总架构的顶层看，云平台上的软件应用集成的架构大体如图 9-3 所示：

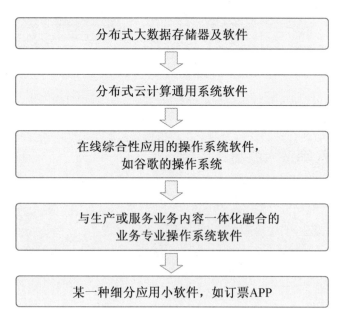

图 9-3 新的生产、制造、服务模式的一般应用与软件集成架构图

上述五层应用与软件集成架构图，就相当于德国的工业 4.0。其实，智能生产与智能制造模式的架构一般为三层，如图 9-4 所示：

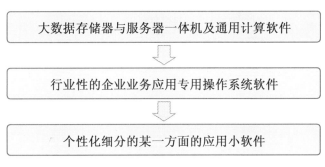

图 9-4　智能生产与智能制造模式的总体架构图

因此，智能生产、智能制造可以作为一个企业的内部系统，智能服务可以作为智能装备销售及售后的服务系统。一个企业的智能制造与智能服务又可以形成下列架构：

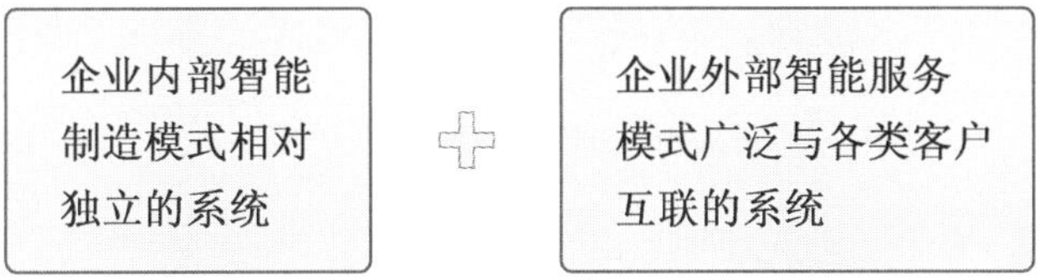

图 9-5　一个企业的智能制造与智能服务架构图

技术的集成是多种多样的。从智能制造角度看，若干个机械制造技术（用"x"来表示）与若干个网络信息技术（用"y"来表示）的集成，推动着智能制造的不断发展。而且一个新材料技术或任何一个新的制造技术的创新，都可能产生"x+1""y+1"，甚至是"x+y+1"的巨大效应。

三、 文字、 音频、 视频大数据的应用创新

其主要体现在两方面：一是从文字大数据的单一使用转向音频、视频大数据三者一起的集成使用。智能机器人与一般机器人的区别之一是人机交互，即机器人能与人之间进行相互交流、交谈，而音频大数据的利用，促进了"人机交互"智能机器人的诞生。二是大数据智能终端与大数据云平台的组合使用模式的创新。比如智能手机与大数据云平台的组合，创造了视频大数据的"手机刷脸支付"的新模式。

四、 网络技术的普及使用

网络技术的普及使用，使网络化进入了"应用引领创新"与"应用引领发展"的良性循环阶段。

网络化的应用越普及，提出需要解决的技术问题就越多。对这些技术问题的"攻关"（包括企业对这些课题"攻关"的投入）的主体就越广泛，这就促进了网络技术创新与应用技术的创新，进入了"应用引领创新"的良性循环。

同理，网络技术的普及使用，带动了智能装备产业、智能装备工程产业等市场的拓展与回报，又反过来促进相应投资的增加，进而又加快了智能制造方式的推广，形成了"应用引领发展"的另一个相互促进的良性循环。

第三节 推广 "智能制造" 的主要任务

围绕主攻"智能制造"的要求，其主要任务有五个方面：一是全面推广智能生产方式；二是集中做强智能装备产业；三是着力发展各具特色的信息工程产业；四是积极发展装备在线服务产业；五是重点发展"在役装备改装（造）"产业。

一、全面推广智能生产方式

农业、工业、服务业都要全面推广智能生产方式。就工业而言，主要有以下要求：

1. 因企制宜，推广各种智能生产方式。即坚持并完善推进"机器与机器人换人"。

表 9-1 不同类型企业适合推广的不同智能生产方式

类别	相关推广的制造方式	主要特点
个体工商户	推广"智能制造单元"	机器＋机器人的小组合
小型加工企业	推广"智能生产线"	"机器＋机器人"的生产线
中型工业企业	推广"智能车间"	智能生产线＋智能生产线
大型工业企业	推广智能工厂	"云＋管＋端"的物联网工厂
特大型龙头企业	推广工业4.0	智能工厂＋装备在线服务，智能工厂＋产品在线订购定制

2. 推广智能制造与智能生产应把重点放在占企业总量98％以上的个

体农业、工商业等个体户与中小企业之上，这是实现传统产业全面升级
的要求，同时又是开拓智能装备市场与信息工程市场的要求。过去我们
曾经说"小商品、大市场"，同理，现在我们可以说"小业务、大市场"
"小工程、大业务"！

二、 集中力量做强智能装备产业

智能装备是实现智能生产的主角。没有智能装备，推行智能生产就
无从谈起。因此，要集中力量发展并做强智能装备产业。

保持工业中高速增长，要抓住以下两个方面：一是继续做精做强消
费品制造业，这可以稳定发达国家等日用消费品的既有市场；二是积极
发展智能装备产业，这可以增强开发中国与"一带一路"新市场的新动
力。这样的"两手抓"，有利于在"一稳、一增"中保持经济增长的"中
高速"。

（一）集中力量做强"块状经济"所需的智能装备

块状经济，是对某一产品规模化生产的区域基地或某一有影响的
"特色服务"的区域基地的通俗化、形象化的简称。一般地说，其产品的
生产规模必须在全国占有一定的份额，必须有一定的国际影响，比如其
产品所在地是著名的出口基地。以家用电器为例，中国就有广东顺德，
浙江余姚、慈溪，山东青岛等生产基地。民众与一些经济学家，往往也
把这三大家用电器生产基地称为"块状的家用电器经济"。这类"块状经
济"源于浙江，并且又以浙江最多，如绍兴的面料织造，嵊州的领带，
海宁、桐乡的经编，永康的小五金，余姚的化工塑料，温州乐清的电力
电器等。

发展"块状经济"所需的智能装备，应该从不同地区的"块状经济"

的特点与需求出发，来确定具体智能装备的重点领域，并充分发挥当地的装备、人才、技术等优势，特别是要发挥本地所需装备市场拉动力强、集聚力强、吸引力强的优势，加强人才、技术、企业等要素的引进，推动其做强、做出优势来。

（二）集中力量做强新兴领域的智能装备

任何一个国家都难以把世界上需要的所有装备全部"包干"下来。因此，一个国家的装备发展往往有"不可选择"与"可选择"两类。"不可选择"，即必须发展的，往往是与本国利益及民生大局攸关的领域；"可选择"发展的往往是今后面临问题多、市场空间巨大，可以形成自身优势甚至引领世界发展的新兴领域。

具体而言，不可选择的智能装备领域有：智能生产的农机装备，包括平原大规模农业与养殖业、林业等大型农机智能装备，亦包括丘陵山区小型农业、养殖业、林业智能生产装备；智能制造装备，包括世界规模领先的一般加工业智能制造装备，亦包括生产高端装备的智能制造装备、网络通信装备等。

可重点选择发展的智能装备有：陆路、水路、海路与地下载人及物资运输的智能装备，各类运动与医疗健康服务的智能装备，新能源（包括生产与使用的）智能装备，智能环保工程装备，家用智能服务装备（包括老年社会的老年智能照料、护理装备）等。

发展智能装备，宜依托高新区进行，每个高新区可集中做强一条新型智能装备产业链。此外，要加强智能装备产业基地与"大众创业、万众创新"基地建设。把科技创新创业孵化器、科技园、特色小镇、高新区等作为智能装备的"大众创业、万众创新"的基地来抓。

三、 着力发展各具特色的信息工程产业

（一）主攻"智能制造"、推广智能制造方式，必须发展信息工程产业

推广"智能制造及服务"的模式，需要发展信息工程产业，对农业、工业、服务业等行业的企业的智能生产工程实施"总包"。其有两大优势：

1. 可实施"交钥匙"的"总包工程"。这有助于解决中小企业与个体加工户的信息技术人才少、信息工程设计难、智能装备选型难、软件开发难、装备工程安装调试难、熟练员工培训难等问题，打破智能生产模式的技术准入障碍。

2. 兼有"开拓装备市场"与"推广智能生产方式"的双重优势。如为个体工业加工户提供"机器＋机器人"的智能制造小组合等"智能生产工程"的"交钥匙"服务，同时又为机器人等智能装备产业的发展提供了市场开发的服务。

（二）发展能创新"智能制造与服务"模式的信息工程公司

信息工程公司是个性化企业的"智能生产模式""装备在线服务模式"的创造者与推广者。要区别信息化与工业化的两种不同的融合：浅度融合，信息化是工业化的工具；深度融合，要求根据每个企业的个性情况，量身定制提供"智能制造模式"与"在线服务模式"的创新"总包"服务。

推广智能制造、智能服务，最大的障碍在企业个性化的"智能制造模式创新"与"智能服务模式创新"。

智能制造模式是"网络"与"工业制造"两者跨界融合的新型的应

用模式，是网络与制造过程相融合的新型生产模式。其内在要求是：必须能对不同时代的、不同型号的、不同技术标准的制造装备在同一企业的智能制造生产线上整合集成使用；必须使网络化与工业的制造与管理过程融为一体；必须把工业制造过程的"数字化的智能设计、制造过程的智能在线检测与监测、智能包装、智能装车（船）"等环节全部融合进"网络"与"制造"的跨界融合的一体化应用模式之中。

因此，"产业模式变革"是推广智能生产方式的主题。其内涵有三层意思：

1. 产业模式的变革就是生产方式与服务方式的变革。实际上指的是由非智能的生产方式、非智能的服务方式向智能的生产方式、智能的服务方式发展的跨越式的变革。

2. 智能的生产方式与服务方式的变革，就是网络技术与具体生产及服务的跨界融合。如机器（机器人）的物联网与医药生产的跨界融合，就是医药智能工厂；电子（互联网）与商务的跨界融合，就是电子商务。

3. 产业模式的变革落实到企业的要求，就是个性化企业的"智能生产模式创新""智能服务模式创新""智能生产与服务相结合的模式创新"。具体内容是整个生产与服务过程的数字化、网络化、智能化；其中包括产品（装备）设计过程的数字化、网络化、智能化，产品（装备）生产过程的数字化、网络化、智能化，企业管理过程的数字化、网络化、智能化，企业服务过程的数字化、网络化、智能化。

"产业模式变革"是推广智能生产方式的主题，也就是把"智能制造模式的创新"与应用推广作为主攻"智能制造"的主题，并且要把企业智能制造的"模式创新"作为"总包"的任务，交给各信息工程公司去承担并完成。因此，信息工程公司是"个性化企业的智能制造模式"创新及推广的主力。抓好一家信息工程公司，可让"百家、千家、万家"企业走上"智能制造"与"智能在线服务"之路。

（三）要重视做深做精信息工程公司

要倡导发展"行业信息工程公司"，发展"能集成行业所需的不同技术、型号制造装备"的信息工程公司，发展"能把制造各个环节与管理全过程相融合为一体"、具有行业"智能制造模式创新"能力的"总包"型的信息工程公司。

制造业大的划分包括流程工业制造和离散工业制造。流程工业类的信息工程公司，要抓住一个流程行业领域去做深做精做透，比如可以重点选择制药、石化、制革、制材、造纸、制酒等某个行业重点领域，成立制药信息工程公司、制酒信息工程公司去"精耕细作"。而离散工业类的信息工程公司，则可以重点选择制衣、制鞋、配件制造、眼镜制造、安全门制造等某个可不连续制造的行业，成立专门制造信息工程公司去"精耕细作"。

抓智能制造示范工程，促进面上推广，是《中国制造 2025》的部署。其要求是，分行业抓示范试点，抓具体推广，抓示范模式的申报，以创出信息工程公司的品牌来。

四、 积极发展装备在线服务产业

图 9-6 无人驾驶电动汽车的在线服务

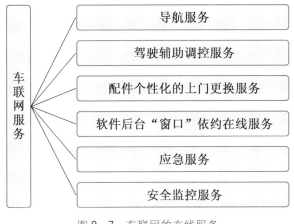

图 9 - 7　车联网的在线服务

车联网的在线服务，就是无人驾驶电动汽车的在线服务业，就是装备（汽车）在线服务业。

电动汽车的制造商具有制造技术优势、配件组件供应优势、汽车电子开发优势等。因此，车联网的建设与在线服务大多由制造商来承担，如台北的车联网就是由生产"纳智捷"的裕隆公司承担建设运营任务的。这就是"汽车制造与服务"为一体的企业。这种"装备制造与服务为一体"的企业已经成为欧美大企业的主要模式，它们的装备设计、装备研发、装备工程、装备售后在线服务四部分业务的从业人员与经营收入大都已占公司总量的一半以上了。

要大力发展"装备制造与服务为一体"的企业，而不该再简单地从制造企业"剥离"服务业，这容易人为分割装备制造与装备服务的关联关系，影响装备制造业的技术升级。企业内部建立相对应的单独考核管理是必要的，但不能完全"放飞"。

发展"装备在线服务业"要从解决问题入手。近年来"吃人、夹人"的电梯事故不断发生，原因在于电梯的老化。如杭州市有 8 万多部高层建筑电梯，90％以上是 20 世纪 90 年代前后安装投运的，至今至少服役 15 年了。中国的其他城市也大多与杭州类似。因此，应以城市为单位建设"梯联网"，把所有电梯都纳入"梯联网"监测、预警、主动防范事故的"在线服务"，力求"一网打尽"。

五、重点发展 "在役装备改装 （造）" 产业

发展"在役装备改装（造）"产业，这是对仍在使用的生产、制造、作业装备进行技术改造，使之适应"智能制造方式"的必然要求，也是绿色发展的内在要求。

装备云平台在线服务的发展，必然要求"改变成台、成套装备同时报废的模式"，并使"在役装备改装（造）"成为主流模式，其核心要义是"一个牙齿坏了就换一颗牙齿，不必把满口的牙齿全换掉"。

采取智能改造方式，如对已有电机的节能改造，就是加装"一台电机数控装置"或改换成数控电机。据预测，对旧电机进行这样的改造，每换一台电机可节省能源消耗 60％以上。

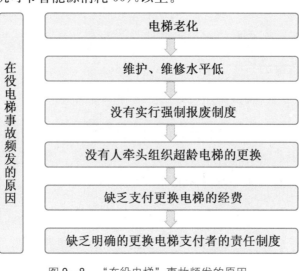

图 9−8 "在役电梯"事故频发的原因

从这个意义出发，当前尤其要重视发展"在役电梯"的改装（造）产业。

由于更换电梯的经费不落实，出资制度尚未建立，现在各城市破解"问题电梯"的出路还未找到。笔者认为，破解"问题电梯"的出路，可以从"在役电梯的改装（造）产业"抓起。其思路如图 9-9 所示：

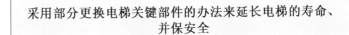

采用部分更换电梯关键部件的办法来延长电梯的寿命、并保安全

减少整部电梯更换的经费总额

探索建立"政府＋住宅小区住房"共同承担改装（造）经费的制度

图 9-9　发展"在役电梯改装（造）产业"的对策

可以说，对在役装备的改造，亦是智能制造推广的前提与先决条件。

推广智能制造的主要对象是已有的工厂企业，是在已经在役装备的条件下进行的。把不同型号、类型的机器、装备互联，改造成为智能生产线、智能车间、智能工厂，其中最重要的是改装或加装原来的非数控或非智能的机器装备，使之适应智能生产制造的要求。因此，改、加装在役装备，将是实现智能制造的前提与"拦路虎"。当然，这也形成了一个巨大的市场，必将产生出一个巨大的产业，我们切不可等闲视之。同时，这个在役装备改造工作又是"智能制造信息工程公司"发展的一大挑战，是一个关系到能否顺利发展的"门槛"，对于能跨越者来说，这是一个巨大的机遇。

第四节 "智能制造" 创新的三个热点

加快智能制造，要实施"创新驱动发展""应用（市场开发）引领发展""变革影响市场开发的规定、体制促进发展"三大战略，用好智能装备技术创新、市场开发模式创新（智能制造模式创新及商业模式创新）、旧规定与旧规矩的体制改革"三大动力"。

因此，今后的"智能制造"创新有三个热点：一是智能装备的"技术创新"；二是每个企业个性化的"智能制造及服务的模式创新"；三是产学研用技术攻关的"组织方式创新"。

关于每个企业个性化的"智能制造的模式创新"，已在前面发展"信息工程产业"部分讲过，因此在这部分不再重复。

一、关于智能装备的技术创新， 要按做强产业链来布局

（一）要按做强产业链的要求，进行课题立项

主要目的是研发破解一个个产品智能化中的"关键技术难题"。要围绕做强成台或成套装备的"短板"来设立。如电动汽车的"智能电池"，其"短板"就有电池隔膜、电池控制软件、高储能电池材料和高能电池加工工艺等课题。

（二）要按做强产业链的要求，按"智能装置模块"来建设重点企业研究院

主要任务是研发"关键产品"或智能装备的"积木式"重组"智能

装置模块"与"智能系统"。如做强"电动汽车产业链",需重点建设的"积木式"重组"智能装置模块"有"智能电池""智能(伺服)电机""整车电子(软件)""智能识别安全定位导航""自动智能驾驶系统"五项,宜逐项选择合适的企业与创新团队来共建重点企业研究院。

(三)要按做强产业链的要求,加强创新团队建设

要围绕做强"重点企业研究院"来引进适用的团队或建立团队之间的合作关系,引进团队时要为其解决家庭子女的就业入学问题,并提供各类研发政策服务。

二、关于产学研用技术协同攻关组织方式的创新

要推广专业创新网站与专业创新大数据云平台的模式。专业创新网站、专业创新云(平台)是组织各类技术创新主体进行"协同创新"的新载体、好载体。

1. 网站与云平台可提供的具体服务内容有:(1)大数据形式的技术创新;(2)技术的集成创新(技术的"积木式"重组创新);(3)技术难题的招标;(4)网上技术的众创;(5)产学研用之间的协同创新。如下图:

2. 宜按某一整台、某一成套装备来建设专业创新网站与专业创新云平台(创新中心)。如电动汽车、机器人、智能电梯、健康装备、智能环保装备等专业创新网站或云平台(创新中心)。

3. 建设方便使用、好用的专业"大数据"库。如机器人创新云平台的大数据库,就应该把机器人的产品与"装置模块"的大数据、机器人各技术创新团队的大数据、机器人各技术创新机构所擅长的技术的大数据、机器人各类技术(专利)成果的大数据、机器人不同重点企业研究院主攻领域分工与进展情况的大数据等"一库打尽"。

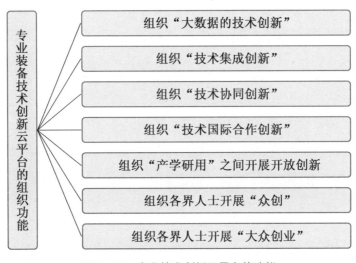

图 9 - 10　专业技术创新云平台的功能

　　建设这样专门装备领域的大数据库，目的在于方便找到技术创新的志愿者与参与者，方便找到技术创新的咨询单位，方便找到技术创新的合作伙伴，方便找到更好的创新方法，方便找到技术创新所需的知识。有专业大数据库，就能为产学研用之间的协同创新提供各种类型的在线互动服务。

　　4. 贯彻《中国制造 2025》，要积极推广专业创新网站、专业创新云平台的模式。通过专业技术创新云平台来组织智能装备及制造的产学研用协同创新与"大众创业、万众创新"，其优越性是显而易见的：（1）可以自愿参加及自愿组合，有利于激活创新的内在动力；（2）参与各方平等，有利于提供相互实时交流、随时在线互动交流的环境，使有价值的创新不因人的社会地位低下而不被重视；（3）信息对称、透明，实绩与进度公开，有利于互相激励；（4）在线实施，成本低，大数据的服务可更精准高效；（5）大众参与，有利于发挥精英与民众民智的优势，发挥"打人民战争"、走群众路线的优势。

第十章

网络化需要规划

REMARKABLE

NETWORKING INNOVATION

与其他五年规划不同，"十三五"（2016—2020）的五年是网络化大变革的五年，是网络化大应用、大发展的五年，是比拼网络化水平、拉开地区与国家发展差距的五年。因此，"十三五"规划的编制必须高度重视网络化，切实做好依靠网络化促升级、促发展这篇大文章。"十三五"规划要正确把握网络化的方向、路径与举措，趋利避患，防范"隐忧"，使网络化的正能量发挥得更充分，果实更丰硕。

当前，我国网络化出现了历史上少有的好态势。从上到下对网络化的重视是前所未有的，"建设网络强国""互联网＋""大众创业、万众创新""中国制造2025"之声不绝于耳，科技创新与产业提升发展相结合、网络化意义探讨与实际应用推广相结合、网络技术应用模式（商业模式）创新与管理体制改革相结合等论坛与实践活动广泛普及，这是十分令人高兴的。

当然，这其中也存在一个隐忧：在高度重视网络化的同时，过度的网络演绎开始出现，概念性的"炒作"及模仿加速。网络泡沫化的风险值得高度警惕，2000年前后纳斯达克互联网泡沫危机的教训值得记取！

最积极有效防范网络泡沫风险的对策是抓融合，就是坚持网络与传统农业、制造业以及服务业的深度融合。传统农业、制造业及服务业是消除网络泡沫的最有意义的"实体"。实体比重大，泡沫的空间就小，就不可能产生大的风险！

的确，网络化亦是一把双刃剑。如何趋利避害，防范风险？笔者以为，把网络"化"到每家企业，尤其"化"到农业、工业及服务业的中小企业才是正道，才可放心。

第一节　引领新常态

我们已经进入了经济发展新常态。网络化既是发展中高端产业的内在要求，又是实现产业向中高端发展、经济中高速增长的保证。跟随网络化，才能适应新常态；加快网络化，才能引领新常态。因此，"十三五"期间，在实践层面上做好网络化这篇大文章，的确关系全局。

从实际层面看，网络化就是网络应用推广的一场群众性的实践活动，是一场由网络融合和覆盖人类生产、生活、社会活动每个领域每个角落的活动，是一场把"网络应用盆景"变为"网络应用风景"的活动。在这场活动中，每个组织、每家企业、每个社会成员，或者主动自觉地参与进去，或者被毫无觉察地裹挟进去，或者被无情地抛弃在后面，不可能会有其他的选择。其中自觉主动并正确主导网络化的，将能抓住机遇，获得更多的网络技术的"红利"。

要编制好互联网与物联网推广应用的"十三五"规划，谋划好"行动路线图"。2015 年是"十二五"规划的收官之年，又是"十三五"规划的编制之年。"十三五"是互联网与物联网推广应用的黄金机遇期。因此，行动路线图必须契合这一时代背景，适应新科技革命与产业变革的要求。

网络化的总体要求是：服务"十三五"，引领新常态。

一、坚持问题导向，明确"十三五"网络推广应用的重点

关键是要防止"上面热、下面冷"，防止"一阵风、不着地"，防止"图形式、不务实"。因此，"十三五"网络推广应用的重点，一是要抓好县与设区市及以下地方的推广应用，而不能局限在大城市。古语说："郡县治，天下安。"本章的重点之一，就是探讨如何抓好县与设区市（下面简称市）的"十三五"网络应用工作。二是抓好网络在中小企业的应用。我国98％以上的企业是中小企业和个体工商户。"十三五"期间，由大企业提供平台给中小企业应用的比重，如扣除电子商务、互联网支付之类后，其他方面的业务应用不会超过10％。可见，中小企业自己主导的网络应用，仍应占90％以上。90％的生产与制造的网络，只有靠中小企业来自主应用。完成这90％，将决定中国的未来。三是要抓好网络在第一、第二、第三产业中的应用，特别是在工业领域的应用。国际上，发达国家的聚焦点都在应用网络推进新一轮工业革命、实现再工业化上，如美国的再工业化、德国的工业4.0、日本大力发展机器人等。这说明聚焦于工业的网络应用，是国际社会共同的选择。我们要顺应世界潮流，不能避难就易、避实就虚。我们要着力实施《中国制造2025》，把智能制造落实在占98％以上的中小企业和个体工商户上；同时，工业要为农业的耕作与生产方式的现代化提供网络化的装备与服务，力求产品可联网应用，能够在线进行实时数据化检测，能够智能、超常与好用。要把网络应用落实到产品、落实到企业、落实到制造业、落实到农业、落实到服务业、落实到市县基层以下的各类主体。这"六个落实"，是我们务实的选择，也是防止网络泡沫的根本对策。

二、着力解决 "十三五" 发展中的矛盾

"十三五"的背景、环境不同于其他任何一个"五年规划",其特点至少有两个:一是经济发展进入新常态,二是面临互联网与物联网全面推广应用的黄金期。

从经济发展进入新常态而言,经济发展有"三项主要任务、一个矛盾"。三项主要任务:一是提高经济发展的质量、效益并改善生态环境。这是满足人民群众日益增长的健康等消费的需要,也是全面建成小康社会的必然要求。二是在提质、增效、生态发展的基础上保持经济中高速增长。这是关系到民生、就业、社会稳定与经济安全等国泰民安的大事。三是在调结构、促升级中实现产业向中高端发展。这是兼顾当前与长远的大事。一个矛盾:如何在防止传统市场需求过快下滑的同时,尽快培育产业中高端的新兴市场,并逐步转到以新兴市场拉动的增长上来,但必须保持在这个市场结构转换中的中高速的发展。

广泛推广应用互联网与物联网,是完成上述三项任务、破解上述矛盾的必然选择。第一,传统产品、传统装备装上嵌入式芯片就是中高档的新产品与新装备。这些智能、绿色、安全、可联网的产品、机器、机器人、装备的生产、制造与开发都是产业中高端的制造或服务,同时又是互联网与物联网的终端产品与装备的制造与服务。第二,互联网与物联网装备制造、开发与应用服务都是高附加值的制造与服务,可以满足经济提质、增效、生态发展的要求。第三,互联网与物联网装备与服务,可以加快新兴市场的开发。互联网与物联网的应用,具有开发新的技改、投资、生活、出口等新兴市场的巨大潜能。我们可以利用这个新兴的市场需求来引领产业向中高端发展。第四,互联网与物联网的推广应用,

可以有效控制传统市场的有节奏的下行，并通过新兴市场的更快的增长，来保持经济的中高速平稳增长。

互联网与物联网装备与服务的新兴市场，是引领产业向中高端、增长向中高速的发展动力；互联网与物联网等新技术的创新与应用，是驱动产业向中高端、增长保持中高速的推动力量。两者之中，一个是新兴市场的拉力，一个是新技术的推力。一拉一推所形成的合力，利用得好，可以保障"十三五"期间实现预期发展目标。由此可见，"十三五"经济社会发展规划必然是个与时俱进、颇具特色的规划，其中一个鲜明的特色，就是"互联网与物联网的广泛应用"。因此，最忌讳的是，不顾及、不考虑"十三五"经济社会发展的需求，凭空想象去编制互联网与物联网推广应用的行动规划。理所当然，这个规划不仅仅是个信息产业的发展规划，不仅仅是个"网络自娱自乐的发展规划"，而必然是一个用互联网与物联网广泛改造提升农业、工业与传统服务业的规划；必然是一个用互联网与物联网全面武装面广量大的中小企业的规划；必然是一个信息化、工业化、城镇化、农业现代化互促发展的规划；必然是一个向着"经济强、百姓富、环境美、社会文明程度高"目标加速发展的规划。这"四个必然"，体现了对互联网与物联网推广应用专项行动规划编制工作的内在要求。

三、 注重 "接地气"， 操作性强

编制网络化行动路线图，关键在于质量；质量又在于接地气、合实际、可操作、真管用。

一个县、一个市的人才、科技资源及当地的市场空间有限，切忌面面俱到，缺乏主攻方向的凝练。产业徘徊在偏低端的原因，往往是过去

的规划面过宽、力量用得过散造成的。因此，互联网与物联网的推广应用行动规划要解放思想，从过去的思维定势、传统发展思路中摆脱出来。

（一）主攻面要窄，新兴市场的基础要好

"主攻面要窄"，就是要注意开发网络应用的细分的新市场。开发新市场不像扩展老市场，必须从细分市场中找准突破口，而且突破口的面宜窄不宜宽。比如农业物联网，可以细分为种菜（场）物联网、养鸡（场）物联网、养鱼（场）物联网、养猪（场）物联网等。再如电子商务，可以分为一般生活消费的电子商务与生产资料供应类的电子商务，然后还可以细分。其中生产资料供应类的电子商务，可分为化肥、农药供应专项电子商务，农业装备租赁电子商务，工业材料、辅料供应电子商务等。还有其他许多专项电子商务有待于开发。

"新市场基础要好"，就是说要从当地原有市场中寻找其升级的新空间，并能迅速做大这个细分的市场，稳固其地位。意大利纺织装备制造商告诉笔者，全球纺织装备约 60% 的市场份额在中国，中国约 60% 的纺织装备市场在江浙，其中针织类的装备约 60% 的市场又集中在诸暨与义乌。因此，原有针织类装备向针织物联网升级，诸暨、义乌潜在的市场基础是最好的。诸暨、义乌等地相对具备主攻针织物联网装备与服务等新兴市场的优势。

科技的优势是真正的优势、长久的优势。要致力于以"技术引领"为主攻方向，抓住能够实现"技术引领"的产品、技术与服务，形成特色、形成优势、占领战略制高点。通过"技术引领、特色优先"来应对可能出现的战略新兴产业产能过剩的问题，保持可持续发展、有核心竞争力发展的优势。

（二）产业链要做强，行动任务要具体

产业链要尽量做长、做强。在选准主攻细分市场的产业突破口之后，要着力在做强产业链上下功夫。互联网与物联网应用面大，一个县、一个市要抓住一个细分的领域，致力于垂直整合、深耕细作、优化提升，在做长产业链、做强产业链、提升核心与综合竞争力上下功夫。要善于谋链、析链、补链、强链。谋链，就是要注重从做强整条产业链出发来谋篇布局，加强顶层设计。析链，就是要具体分析做强整条产业链的优势与不足，明确有条件引领发展的重点产品、技术与服务。补链，就是要集中力量攻破重点产品、技术与服务，定任务、定时间、定管用举措，尽快解决其重要"短板链条"，形成发展特色。"强链"，就是要鼓励通过科技创业、引进企业或合作创新来"壮链"。

对行动任务的规划要具体。围绕确定主攻的做长、做强产业链的要求，规划要明确具体行动任务。互联网与物联网应用与一般产业不同，是融制造与服务为一体的，且产业链往往覆盖从技术创新到新的商务模式创新及新的市场成功开发等整个商业链。因此，要明确创新设计、装备制造、专用电子开发、工程性建设商务模式创新、平台建设，以及大众技术创新与科技型创业、定向引才招商等做强产业链的具体行动任务。比如温州与台州地区有四五万家制鞋的中小企业，若选择主攻制鞋物联网，其做强产业链就要致力于完成以下具体行动任务：一是发展制鞋物联网工程的创新设计；二是发展制鞋生产线的装备制造，包括可联网的、智能绿色安全制造的数控制鞋机与机器人；三是发展制鞋装备专用电子，包括嵌入式芯片、自控软件、在线检测传感仪表装置等；四是开发企业制鞋物联网私有云；五是创新商业模式，培育制鞋物联网工程公司；六是建设制鞋物联网的大众技术创新、科技型创业的平台；七是围绕做强

制鞋物联网产业链，开展定向引才招商，实现强强合作。

（三）市场要抢占，体验要领先

这是争取市场先发优势、谋取市场早发机遇的必然选择。

一个企业或一个市、县如能领先争得互联网或物联网应用于某一新兴市场的先发优势，其好处是不言而喻的。首先，有利于培育与开发有特色、有竞争力的新兴市场；其次，有利于市场引领，并带动产业升级发展；再次，有利于集聚人才、技术、创业资本，加快新兴产业的集群发展与开放合作，做强产业链。

抢占新兴市场的先发优势，要重视四招：

第一招，加强政府与市场主体的合作。实施好新技术导入期、新产业孕育初创期的政策举措，集中力量突攻选定的细分市场目标，争取在各地未突破前，本地率先突破、引领突破。

第二招，主攻本地市场，提供应用案例示范。比如本地制鞋产业发达，选定的是主攻制鞋物联网产业链，那就可以分三种不同类型的客户进行试点，依次稳步做强制鞋物联网产业链：对于个人专业加工户，可以让某一环节的加工机器与机器人协同，形成"智能制造小组合"开展加工业务；对于中小型企业，可以试行"智能化制鞋生产线"，目标是让自动化制造机床与机器人在同一条生产线上协同加工；对于大中型制鞋企业，可以开展制鞋物联网制造的试点，目标是把制鞋的全过程都搬到云、管、端为一体的企业物联网上。进行上述个体的制鞋专业加工户、中小制鞋企业、大中型制鞋企业三种类型的示范性试点，具有广泛的市场开发的适应性、探索性与示范性，的确是个不错的选择，成功了就比较容易在同类企业里推广。

第三招，推介案例，扩大市场。要花心思，通过各种渠道推介案例，拓展新兴市场。只要在本地的数百家个体加工户、数十家中小企业、数家大中型企业中的示范性试点取得成功，自然就树立了制鞋物联网产业基地的地方品牌，就有了开发本省、全国乃至国外制鞋物联网新兴市场的示范案例与根据地。

第四招，扩大市场的影响力与集聚力，开展精准引才招商、开放合作。要适应形势，改变单纯依赖政策引才招商的习惯定势，学会利用市场优势来引才招商，学会以产业链强的优势来引才招商，定向精准引智引才引企，共同开发新兴市场。如能因势利导，按做强制鞋物联网产业链，定向引进技术、人才、创业资本，引进制鞋机械装备企业、制鞋机器人企业、制鞋嵌入式芯片设计企业、软件开发企业、制鞋在线检测传感仪器仪表企业，就能完善产业链、做强产业链。

开发新兴的市场，要注重品质，注重体验，坚持以满足客户体验为优先发展战略。要告别过去开发市场"重量不重质、重规模不重体验"的路径依赖，迅速转变到以品质为重、以满足客户体验为先等开发新兴市场、营造本地市场品牌的道路上来。

在编制互联网与物联网推广应用专项行动规划时，我们必须十分清醒地认识到：进入经济发展新常态后，模仿式排浪型的消费时代已经过去，注重品质、注重满足客户体验的时代已经来临。要不断增加产品、服务、工程与平台的新体验，增添好体验，让客户、用户得到轻松、满足、快乐的获得感。具体来说，要重视三个方面的体验：

1. 智能、简便。智能、简便，就是不操心、少操心。如果购买了一个产品与服务，作为客户使用起来要事事操心、处处留意，那就很乏味了。智能，就是所提供的产品与服务是智能的，是能让客户省心放心使用的；简便，就是所提供的产品与服务，功能是超常集成的，性能是优越的，使用是一按就灵、"一键通"的。

2. 节能、绿色。节能，对客户来说，可以节省使用成本；对社会来说，可以节约能源资源、提高能效。绿色，对客户来说，可以减少污染及治理成本，形成和谐发展的社会环境，减少邻里纠纷；对于社会来说，有利于加快治污、治水、治霾，有利于满足公众对环境的消费需求。在公众的环境消费需求日益增长、依法铁腕治污的呼声日益高涨的背景下，企业提供的产品与服务如不节能，就是自甘落后；企业提供的产品与服务如不绿色，就等于慢性自杀。

3. 健康、安全。这是对产品与服务的基本要求。健康，首先要确保一线工人的健康。即使是从事过去易患职业病的行业与工程的工人，一旦他们使用了我们提供的网络产品与服务，就可以解除他们患上职业病、影响健康的后顾之忧。安全，最终要确保高风险行业与岗位的安全。即使是过去工伤事故风险高的行业与岗位，一旦他们使用了我们提供的网络产品与服务，就可以把发生安全风险的程度降到最低。

要高度重视智能、简便、节能、绿色、健康、安全等以品质体验为先的市场开发，并把这个要求作为战略要求，来指导互联网与物联网推广应用专项行动规划的编制与实施工作，从中进一步发现发展网络产业、环保产业、健康产业、安全产业的市场与商业机遇。

综上所述，编制网络化行动路线图，一定要站在统筹打通技术链、产业链、市场链的战略制高点上。过去，技术创新链与产业链"脱节"，新的产业链与新兴市场开发链"脱节"，这是我国新兴产业发展不快的根本原因。只有打破这"两个脱节"，新技术、新产业、新市场才能有机协同，加快发展。

四、措施要有力、坚守、执着

打通网络应用的新技术、新产业、新市场，是一个开拓性的系统工程，必须花大力气，采取强有力的举措，并需要相当的定力与执着的奋斗才能实现。网络推广应用的专项行动规划，要充分体现上述要求。

（一）实施支持重点突破、持续升级的技术与人才政策

要仔细选择自愿参与技术攻关的重点企业，通过支持组建先进的创新团队与建设重点企业研究院等途径，集中资源与力量主攻网络具体应用产业链的"短板"环节，提升对个体加工户、小微企业以及大中型企业应用产品或工程的水平与服务能力。要按照实施"创新驱动升级"战略的要求，根据做强产业链的需求，定向精准地培养、引进与使用人才，有计划、有目的地培养与使用专业技能型工人，实现技术创新与人才工作的高度集成。通过一流人才团队的建设与持续不断的创新，不断开发具有更新和更好品质体验并可以不断升级的网络技术新产品、新工程与新服务。

要积极探索新的技术创新模式。首先要改革领导体制，把产业部门、科技部门、人才部门等集成起来，一起制订和规划本地实施《中国制造2025》、"互联网＋"行动的方案及重点产品、服务的技术路线图，坚持以上述方案及技术路线图为依据，协同各部门各方面的工作，形成合力。其次要创新组织实施模式，建立若干个主攻上述产品与服务的技术创新的"大数据云平台"，汇集产、学、研、介、用各方面资源、力量与人才团队，建立有利于技术创新的激励机制，改变产业技术创新联盟深度合作不足的状况，真正形成产、学、研、介、用自觉参与协同创新的局面。

（二）支持万众技术创新、大众创业

重点要围绕做强网络新的应用产业链，按照"技术创新补短板""科技创业强短板"的要求，规划建设"技术创新与科技创业"的网络云平台、科技创业孵化器，精准发布引导健康创业的指导目录，优化政策支持与制度供给，完善创新创业的生态系统与各类服务体系，不断推动技术创新与科技创业向做强产业链、打通市场链方向集成，不断锻造网络技术具体应用领先的产业链与市场开发的新优势，进而实现规划要求的目标。

（三）深化体制机制改革

网络技术是新的企业、行业、城市治理的工具。运用新的治理工具，必须建立新的体制机制。要把构建与网络化相适应的体制机制放在关键位置，以改革促网络应用推广。要以法治思维组织改革，突破体制与机制的障碍，推动企业与城市加快实现网络的大数据精准管理。

网络化，必须"化"体制；体制不改，必难成功。在一个企业推行网络化，必然会改变一个企业的组织结构、管理模式与管理制度；在一个单位推行网络化，也必然要按照网络管理的新需求，调整原有思路，调整组织架构，转变管理方式，创新管理体制。

要坚持政府与企业的管理模式与管理体制一起改，以更好地适应网络的生产方式、制造模式、服务方式、工作方式转变的新要求，适应大数据精准管理的新要求。如开展跨境电子商务的试点，就是要打通跨境电子商务的线上网购、在线支付、精准制造、跨国物流、城市配送等各个环节，必须同时成功推进海关监管、出入境检验检疫、外汇流通监管、准确核定税务征退等监管模式与体制的创新，其中若有一个监管环节扯了后腿，跨境电子商务就做不成，更做不好。

政府的一个重要职能是提供"制度供给"。这一职能被网络化的大变革赋予了新的时代与历史意义。习近平总书记英明地指出,"要推进以科技创新为核心的全面创新"。习总书记强调的"全面创新",包括体制改革与体制创新;明确要求体制的改革与创新要为新科技革命与产业变革扫清体制障碍,提供制度供给与体制保障。这是十分深刻并富有远见的。

科学技术是第一生产力,构建与网络技术为主导的新科技革命相适应的、与过去不相同的新体制的历史任务,已落到当代人的肩上。新的网络技术带来的生产方式、制造方式、商业服务方式的变革与生产关系的全面调整,对科技体制、经济体制、政府管理体制三大体制的综合改革、统筹改革提出了新要求。反映这些生产、制造、服务方式变革的诸如智能制造、互联网金融、智慧医疗、主导新型商业链运作的云平台经济等新模式、新业态,正像前几年的"支付宝"那样,要求政府创新其准入制度、监管方式,构建适应这些新模式、新业态的监管新体系,改革阻碍这些新的生产、制造、服务方式的旧体制。

同时,政府需要弥补体制的缺失,为网络带来的生产、制造、服务的新模式、新业态量身定制地创造新的监管制度,创立新的标准,创制新的法律法规规章,为新技术革命形成的新的生产力与新的生产关系的发展扫清障碍、铺平道路、提供保障。

可喜的是,这场适应新科技革命与产业变革的新体制改革已全面展开,一个创建"创新驱动发展新体制"的全面改革已经展开。一场把科技体制、经济体制、政府管理体制三者进行统筹改革的顶层设计与部署已基本完成,并在全国展开。浙江省在新昌县率先进行了科技体制等综合改革的试点,已经取得了初步经验、成效。各地各方面的这类改革都展示了光明的前景。

　　这是一场意义可能并不亚于中国大革命时期中国共产党领导的土地制度改革的大变革，不亚于当年以安徽小岗村为发轫端农村"大包干"的大变革，不亚于以市场经济为着力点的经济体制大变革。我们可以相信，现今这场科技、经济、政府管理体制的综合改革，这场在党中央领导下的自觉的、主动进行的大变革，必将写下中国共产党人、中国人民新的光辉的篇章。

（四）为新市场的发展创造良好环境

　　要提供新兴市场开发机会。开发新兴市场不同于管理老市场，前者是关系到新兴产业能否成功"惊险一跃"的又一关键因素，而且投资的风险远远高于老产业、老市场。一个新技术产品或一种新技术服务，往往要经过市场突破、市场孕育、市场开发、市场成长、市场成熟等若干过程链条，我们可称之为市场孕育与成长链。

　　因此，培育网络具体应用的新兴产业，就要先突破新兴市场开发的障碍。孕育新兴市场，必须依靠企业与政府的合作。政府要创新准入制度，积极支持企业开发新兴市场，通过新技术应用转化等政策补偿来支持化解新兴市场的开发风险，以及通过政府的组织试点试用，消除各类客户的顾虑，打开新产品与新服务先行先试的僵局。

　　适合政府使用的新产品与新服务，政府要首先试用、试购、试服务，以促进网络新技术产品与新技术服务的市场顺利"分娩"与"出生"。

　　当试点试用成功之后，政府要加强案例宣传，支持打开本地市场，形成新兴产业、新兴市场示范应用的高地，扩大品牌效应。

　　当新市场逐步形成并达到一定的规模后，政府的工作重点要转到加强对新产业、新市场的依法监管，纠正各种侵犯消费者权益的行为，保障消费者与生产者公平，坚决防治可能产生的各种乱象，防范"劣币驱逐良币"问题的发生，保障新兴产业、新兴市场的健康发展。

（五）坚持开放、合作、协同发展

培育网络具体应用新产业、加快开发网络具体应用新市场，必须依靠开放，必须依靠国内外的人才、技术与创新创业的一切资源，必须依靠国内外的新兴市场的巨大力量。要实施精准的引智、引技、引才、引企等高效招商策略。要使国内外企业、科研机构加强开展技术协同创新、协同制造、产业链垂直合作，加速打造网络应用的新的产业链。要加强商务模式创新，加强信息工程与云工程综包企业的培育与优化重组、并购重组，不断壮大开发新市场的力量，更好地开发国内外的新市场。

（六）加强政、产、学、研、用的科学合作与高效、执着的统筹

培育网络应用新产业、开发网络应用新市场，是涉及统筹技术链、产业链、市场开发链全过程的大事。能否高效培育新产业、成功开发新市场，需要企业家、科技人员及管理者的自觉协同、高效合作和执着坚守，不可能一蹴而就。

因此，既要自觉遵循市场经济规律与依法治国的方略，又要解放思想，积极探索发挥市场配置资源的决定性作用和更好的政府作用的实现模式，按照各自的角度定位与协同合作的要求，推动政、产、学、研、用的高效协同，开创做强网络具体应用产业链，创造新市场、开发新市场，打开引领经济发展新常态健康发展的新局面。

要勇于探索规划的新功能。新编制的网络具体应用专项行动规划，要力求成为政、产、学、研、用各方协同的依据，成为协调市场与政府关系、实现有机合作的文本。

第二节　让"盆景"变"风景"

一、基本原则

编制网络应用行动路线图规划，是促进网络应用务实运作的重要途径。

实际运作与理论推导，并不完全是一回事。理论推导的假定条件是理想化的，实际运作的现实条件是差异化的。因此，对网络的应用、覆盖推广、融合提升的行动路线图的谋划，应该结合各自的实际，遵循以下原则：

（一）因实制宜，注重实效

要根据每个企业、每个行业、每个地区的网络化进展不同的实际，因企制宜、因业制宜、因地制宜地进行网络应用、覆盖推广、整合提升工作。创新要提倡"异想天开"，工作要"脚踏实地"。要注重基层，注重实效，以有实效的成功典型作为样板，讲好网络化的好故事，不断补充网络化应用推广工作的正能量，以加快应用推广的步伐。

（二）着眼主体，依靠多数

网络化的应用及推广，要靠企业、客户、消费者等主体的自觉性、积极性来进行。各类市场主体、社会主体、创新主体及行政主体是推动网络化应用的根本力量。各类主体的积极、主动、自觉参与，是网络加快应用、覆盖推广与融合提升的保证。要防范只有高层精英"顶层设计"、不具体结合企业实际研究应用网络技术的情况发生。注重主体要注重多数,不当"甩手掌柜",要关注、关心并切实指导帮助占企业总量98％以上的中小企业,帮助他们结合实际应用好网络技术,获取网络技术的"红利"。不能只关心少数主体,不能只满足于搞"网络应用的盆景"。

(三)包容兼顾,循序渐进

包容兼顾,首先就要通过网络技术的应用带动生物技术、新材料技术的统筹、集成应用,以网络化推动绿色技术、节能减排技术、生产安全保障技术的广泛应用。包容兼顾,其次是要从实际出发调动一切积极因素,兼收并蓄,注意同时照顾到先进、中间和相对落后的企业与群体。只要有效,就要允许差异,包容不完善与有所不足,不搞理想化的齐步走、纯而又纯的网络化。同时,包容兼顾并不是故步自封、迁就落后,必须加强示范宣传,与循序渐进、加深融合、不断提升相结合。要坚持在包容兼顾中加快网络应用的覆盖,在网络应用覆盖中加深融合,在加深融合中不断提升水平。

(四)市场运作,创新驱动

市场运作,其实就是依靠市场机制来运作,说的是要深化经济体制改革,充分发挥供求规律、价值规律、竞争规律所形成的机制作用。发挥供求规律的作用,就是要坚持依靠网络、智能、绿色、安全的生活消费、投资消费及出口消费等升级版的消费新需求来拉动增长。正如前面所介绍的,要以快速成长的工业机器人市场等来吸引投资和人才,推动创新,加快机器人制造业与机器人工程业的发展。充分发挥价值规律、竞争规律的作用,就是要依靠创新驱动,不断开发有更好性价比体验的、有竞争优势的网络新产品、新服务、新业态，同时又不断维护公开、开放、公平竞争的市场秩序，进而促进创新，推动产品与服务不断向中高端升级，推动网络化健康有序地向前迈进。

（五）"两手"着力，政府保障

加快网络化的发展，如前所述，要充分发挥市场"无形之手"的作用，同时又要发挥政府这只"有形之手"的"更好的"作用。我们现在对"发挥市场在配置资源中的决定性作用"与"更好的政府作用"都要细心品味。现在存在的问题在于"对决定性作用""更好的作用"都认识不足、理解不深。在"决定性作用"方面，存在的问题是"边界不清"；在"更好的作用"方面，存在的问题是"要求不高"与"努力不够"，没有追求把政府"更好的作用"充分地体现出来，尤其是往往把市场与政府搞成"两张皮"，以"发挥市场决定性作用"作为政府怠政、惰政或无所作为的借口。那种以为发挥市场作用，政府及政府官员就可有"懒政""惰政"、可不作为的思想认识，以及发挥了"些许作用"就等同于发挥了"更好的作用"的想法与做法都是不正确的。

当然，在用好政府"有形之手"时，要划清政府与市场作用的边界，乱插手、乱作为也是不行的。在加快网络化发展的过程中，存在网络技术创新期及网络新产品、新服务、新业态的导入期、初创期，在此期间市场的作用有限，市场机制还不成熟，需要政府发挥"更好的作用"来弥补。因此，在新产业孕育中，在新技术转化为新产品后的"一公里"与新产品新市场开发前的"一公里"，都需要充分发挥政府对战略性新兴技术、新兴产业的战略导向、市场导入作用，加大人才培养、技术创新的政策扶持力度；需要政府加强对新技术产品与新技术服务的安全性准入评价服务与带头应用示范服务；需要政府从节能减排、绿色环保与公共安全保障等方面制定鼓励使用的新的政策举措；需要政府有针对性地开展知识产权保护工作；需要政府完善管理体制，取消原有的对新产品与新服务使用限制与不合理的规定。

用好政府"有形之手"的作用，必须用好"政府制度供给"的作用，发挥政府统筹推动科技、经济、政府管理体制改革的作用，为网络新技术革命与产业革命扫清体制障碍、打开通道、提供新的体制保障。

（六）坚持以应用促发展的方针

网络的应用与推广，是盆景与风景的关系。网络化在少数企业、少数行业、少数地区，就是盆景；网络化在多数企业、多数行业、多数地区，那才是风景。我们要积极培育新的盆景，更要致力于抓好网络的应用推广，把盆景发展成风景。

坚持以应用促发展的方针，具体就是要"一坚持三促进"，即坚持网络化应用，促进技术创新、促进新市场的创造和促进新型产业链的做强。要充分认识坚持以网络应用促发展的价值与意义。

首先，只有坚持应用，才能促进技术的有效创新，建立科技与经济相结合发展的体制机制。有了产业技术需求的目标导向，技术创新才能找准"短板"、才不会迷失方向，科技人员实现强国富民的报效之志才有了具体的行动目标，创建打通创新链与产业链的体制机制工作才有了明确的路径。只有在这样的体制机制作用下，才能摆脱过去那种低水平重复研究、跟在发达国家后面跟踪研究等的路径依赖的束缚，才能实现创新的人才、资金、技术、信息、知识等的高度集聚与高效配置。

其次，只有坚持应用，才能发现并创造新的市场，促进新型（兴）产业的发展。只有通过网络技术的试用与应用，才能发现新市场、创造新市场。比如前面介绍的机器人市场开发与机器人产业互促发展就是一例。阿里巴巴的电子商务、互联网金融的发展经验，也证明了这一点。在经济发展进入新常态、模仿型排浪式消费过去以后，各种网络新技术的应用新市场本身就是个宝贵的资源，同时网络技术与应用又是创造新的市场的重要力量。我们要充分用好中国的智能手机用户是美国的一倍多的市场优势，加快我国网络应用产业（互联网与物联网产业）的发展。

再次，只有坚持应用，才能促进网络产业链做强。我们要在应用中探求做强产业链的机会与方法。通过规模化的应用，发挥新创造的市场引领新产业发展的作用，促成产业集群发展，做强产业链。同时，随着产业链集聚各种创新与创业要素能力的加强，稳步务实地推进产业链发展基地、产业特色小镇、产业特色高新园区、产业特色城市等的建设规划，发展具有特色的互联网与物联网装备制造产业、工程产业及在线服务业的新城镇和新基地。

要珍惜并按规律发挥好网络新型（兴）市场的作用。首先要选准产业，做强产业链。网络技术创造的新型需求市场是基于传统市场产生的。传统市场的原有份额是培育网络新型市场的基础。如绍兴的纺织面料占全世界的 30% 左右，因此绍兴面料生产、印染的纺织机械市场份额亦占了全世界的 30% 左右。现在绍兴不联网、不智能的纺织加工机械几乎是百分之百的，因此绍兴今后纺织印染的物联网装备与工程的新市场就有百分之百的发展空间，就有占全世界 30% 左右纺织物联网装备与工程的新市场份额的基础。根据新市场引领新型产业发展的规律，从理论上说，绍兴具有发展纺织印染物联网装备与工程的新市场优势。对于这个纺织物联网装备与工程的新市场优势，在经济发展进入新常态之后，我们应该十分珍惜并开发利用起来。各地可以以原有的块状经济及相关的传统装备市场为依托，各自选准一个网络新型（兴）装备及信息工程作为主攻方向，来做强产业链。比如可选择制鞋、制衣、家电、汽配等制造物联网装备及信息工程，清洁低能耗汽车、海洋船舶运输及城市物流配送装备及信息工程，分布式光伏发电装备，小型农业物联网装备及信息工程，还有炼油、石化、医化、制药、建材、造纸等流程工业物联网装备及信息工程。

最后，要自觉利用产业集群发展的规律来做强产业链。最重要的是，实现产业与城镇化互促发展，要利用城镇化集聚创新、创业要素条件优势，打造网络产业特色鲜明的新城镇。要围绕选定的产业链主攻方向，明确产业链的"短板"与"薄弱环节"，建立技术创新与科技型创业的基地，出台力度大、吸引力强的政策，引进、集聚从事技术创新与科技型创业的人才团队、专利技术、创业资本，营造良好的"两创"生态，全面推进"大众创业、万众创新"。要通过技术创新"补上"网络新型产业链的"短板"，通过科技型的创业"更换"产业链的"短板"，通过开放引进、定向精准招商"甩掉"产业链的"短板"。要重视产业链协同创新文化、面对面交流、产业链之间近距离物流成本相对低等优势，着力把线上与线下的优势结合起来，与区域新市场优势结合起来，打造网络新型产业与城镇化"产城互促"发展的新高地，打造以做强某一网络新型产业链为特色的新城镇。

此外，要做好"一坚持三促进"，并抓好具体环节的落实：

1. 坚持以应用促进技术创新。要坚持把网络应用的需求作为技术创新的课题来研发，以做强产业链薄弱环节的"短板"作为"靶标"来进行技术攻关。要创造以开发新市场与做强产业链为导向的技术创新体制，建立一流的重点企业研究院；创新研发团队的激励机制，推动高校等单位技术研发类的博士生、硕士生团队到企业重点研究院去参与研究和工作，真正把以"产"为主导的产学研合作机制建立起来，源源不断、实在高效地攻克产业瓶颈技术，实实在在地把网络应用的新产业做强。

2. 坚持以创造新市场来促进网络应用新型（兴）产业的发展。要通过网络技术的应用，发现新市场、创造新市场，促进新装备、新服务、新业态的发展。第一，要选准网络应用创造新市场的主攻目标。要从本地已有的传统规模制造产业的相关领域去寻找主攻目标。第二，要创造和支持开发新装备、新服务、新业态的市场。要通过典型示范，带动中小企业加快自动化与物联网等装备技术改造，迅速扩大新市场。第三，以新的市场需求引导"大众创业、万众创新"。推动制造物联网装备、软件、工程等新产业的发展。第四，以加快新市场开发的思维来部署开放合作。以开发新市场、抢占市场制高点的紧迫感来"引大树、育小苗"，引进企业、引进技术、引进人才团队、引进相关创业者，以新市场开发促开放发展、合作发展。

3. 坚持以应用来促进产业链的做强。要坚持在应用中依靠更多主体的力量来补链、强链，做强产业链。第一，要在应用中完善做强产业链的部署，因势利导地推进在各重要链条中能发挥关键作用的重点企业的培育，并充分发挥这些重点企业的作用。比如环保工程装备物联网产业链，大的划分就有环保装备工程设计与装备设计业、环保装备制造业、环保装备电子业、在线环保实时数据监测关键产品制造业、环保物联网工程业五大部分，其中每一部分对环保物联网工程市场的开发，都存在互相促进、互相制约的关系，一荣俱荣、一损俱损。做强产业链，就要抓住各个关键链条能起带动作用的企业，让它们发挥"补链、强链"作用，不留下一个"短板"。第二，要在应用中完善做强产业链的规划与举措。针对市场开发、创新攻关、精准招商、引进创新创业团队、企业示范等环节分别研定切实管用的举措。第三，在应用中加强产业链的产业基地与空间平台建设。更好地建设网络应用装备产品设计基地、装备制造基地、网络装备电子开发基地、在线实时监测关键元器件与装置生产基地、网络应用创新创业基地、网络工程产业基地。

根据上述考虑，围绕主攻做强产业链的思路，前几年浙江调整了高新技术产业园区的布局。杭州国家高新区主攻互联网电子商务、互联网金融、安防物联网、医疗物联网、流程工业物联网、新能源汽车制造产业链，宁波科技城主攻新材料与新材料物联网制造产业链，嘉兴光伏高新区主攻光伏发电产业链，湖州物流装备高新区主攻配送物流装备产业链，柯桥与新昌高新区主攻现代纺织印染装备产业链，诸暨环保高新区主攻环保工程物联网产业链，永康现代农业高新区主攻农业物联网产业链，舟山主攻船用物联网装备工程产业链，余杭高新区主攻智能医疗设备（智能生化型医疗器械）产业链，温岭主攻制鞋机器人与制鞋物联网，永嘉主攻供水与供气工程物联网，初步形成了网络具体应用产业发展的全省错位布局。

为了探索做强网络专项应用产业链的经验，浙江在电动汽车产业链与嘉兴光伏发电物联网产业链等方面开展了试点，都取得了一定的成效。其中嘉兴光伏发电物联网产业链的"五位一体"的综合试点取得了阶段性的突破，国家能源局于 2014 年 8 月在嘉兴召开了分布式光伏发电现场会，对嘉兴的经验给予了充分肯定，并且根据嘉兴的实践起草出台了支持分布式光伏发电的 2014 年第 406 号文件。

附录： 嘉兴光伏高新区分布式光伏发电物联网产业链

嘉兴光伏高新区做强分布式光伏发电物联网产业链的"五位一体"

的试点内容有：第一，集成政策创新。出台了鼓励发展分布式光伏发电的政策文件；为了拓展分布式光伏发电市场，嘉兴市设立了10亿元的光伏发电产业基金；实行按发电量补贴的地方政策，省、市分别给分布式光伏发电企业以每度电补贴0.3元和0.1元，激发了光伏发电投资的积极性。第二，统一对光伏发电的空间开发。为引导光伏发电投资公司与工程公司有序发展，嘉兴光伏高新区对新建的标准厂房区、学校、政策性公租房等区域的屋顶资源等实行统一规划、统一管理、统一设计、统一依约租赁、统一开发使用，集中用于分布式光伏发电工程投资。第三，制订分布式光伏发电物联网产业链的发展规划。为推动产业链整体协同发展，嘉兴光伏高新区设立了光伏发电装备产业与工程设计基地、分布式发电组件与成套装备制造基地、光伏发电的电子产业基地、光伏发电的投资与工程产业基地、光伏创新创业基地，形成全产业链上下游协同发展、向中高端提升发展的格局。第四，制订精准招商路线图。根据全产业链协同互促、中高端发展的规划，引进了国家电网研究院等一批高科技企业，弥补了产业链的"短板"。第五，根据做强产业链的技术路线图，开展了建设重点企业研究院、建设一流技术创新团队、实施攻"短板"的重大科技攻关专项计划"三位一体"的产业技术创新的综合试点。通过试点，获得了光伏发电高效材料技术、智能发电组件、逆变器、家庭光伏智能综合计量调控装备、分布式光伏发电云计算管理软件等一系列的重大突破。上述五个方面的试点，又统一纳入统一设计、协调推进的工程式的工作机制之中。通过近三年的试点，嘉兴的分布式光伏发电并网装机容量2012年为7.74兆瓦，同比增长2.51倍；2013年为158.96兆瓦，同比增长19.54倍；2014年为356.10兆瓦，同比增长124％，三年年均增长3.94倍。分布式光伏发电市场快速扩张。每兆瓦的静态投资回收期从试点前的十年缩短到八年，其中光伏高新区内缩短到五年。嘉兴光伏高新区的高新技术产业销售收入、税收、利润，年均分别增长 26.02％、0.56％、13.20％，呈加速发展的态势。

第三节 网络化的路径

一、 网络推广应用的目标

把盆景变风景，要明确风景建设的计划与目标，这样才能有目标、有方向、有定力，持之以恒、驰而不息地抓下去、抓到位。

网络应用推广的目标，要与网络化的要求相一致。网络化，最终必然是网络空间全部覆盖人类社会空间与物理空间，人类的生产、生活与社会活动全部被网络覆盖，网络处在无处不联、无时不联、无物不联、无事不联的"永远在线"的状态。同时，网络的覆盖又是从云、管、端三者逐项覆盖到全面覆盖的过程。因此，浙江现阶段网络应用的阶段性要求、目标是"五个全覆盖"：

1. 可联网、智能装备的全覆盖。网络终端装备产品对传统产品从部分覆盖向全面覆盖推进。阶段性目标是联网和智能产品对机器装备类的产品先行"全覆盖"。

2. "机器换人"的全覆盖。根据企业与个体工商户的实际，要逐步实现的目标是"机器＋机器人"的智能制造小组合对个体加工户的全覆盖，智能生产线对中小制造企业的全覆盖。

3. 互联电子商务、互联网金融等对中小企业的"全覆盖"。要使现在40%左右的中小企业开网店向100%的中小企业开网店的目标前进。

4. 物联网制造方式的全覆盖。要率先对造纸、印染、石化、医化、建材、养殖等高污染、安全风险大的企业全覆盖。让绿色与安全生产的网络技术"红利"率先造福于人们、造福于生态建设。

5. 率先实现云平台服务对高科技企业与创新创业基地的全覆盖。提出网络应用推广的目标是前提，同时还要有切实推进的计划与举措。一是要把实现"五个全覆盖"写入"十三五"规划，并且制订分年度推进的计划。年度计划要具体，要落实到具体企业与项目。二是要出台具体政策举措。从技术创新、人才政策、高技术产品与服务采购、生态政策、领导力量等各方面，采取符合市场机制要求、依法运作，而又务实、精准有效的举措。三是要分批推广典型，分行业开好现场会，提供"学有榜样，干有方向，做有能量，动有服务"的良好氛围。四是抓好定向对接，提供精准服务。抓好各行业云工程公司与年度计划内覆盖企业的定向推介对接工作，力求"一把钥匙开好一把锁"。

二、网络推广应用的路径

这几年，浙江认真实施"信息化和工业化深度融合国家示范区"建设方案，牢牢抓住互联网、物联网与传统产业跨界融合，向实体经济尤其是农业、工业、工程业等深度融合应用；以及为面广量大的中小企业便利高效应用三个主攻方向，高度重视大数据、云计算的应用，致力于探索切合实际的网络应用的推广新路子。

在工业及农业方面，网络应用的重点是推广"五换"：产品换代、机器（机器人）换人、制造换法、商务换型、管理换脑。

（一）产品换代

其重点是把不联网、不智能的产品和装备开发成可联网、智能的产品与装备，推动传统产品向网络终端产品换代。把开发可联网、智能新产品纳入工业强省的评价体系，每年公布评价排序结果。全省各地都出台了鼓励开发新产品的政策措施，积极支持使用嵌入式软件芯片、各类自动化软件以及多功能内置的传感器、控制器、减速器、显示器、驱动器，支持联网智能家用电器、智能电网装备、蔬菜大棚物联网装备等软硬件集成开发。2012年、2013年、2014年，全省规上工业新产品产值率分别达23.0％、26.3％、29.2％，工业的质量、利润、税收、全员劳动生产率较快提高，能耗及各项成本明显下降。

（二）机器（机器人）换人

其主要是以智能分拣、加工、喷涂包装、检测装备来替换非智能的装备，以工业机器人来替代电焊、喷涂、冲压、搬运等岗位的工人，目的是提高劳动生产率，保证产品质量，降低制造成本，保障员工的劳动安全与身体健康。重点有三个方向：一是对于个体加工户，推广"机器人＋机器"的智能制造小组合；二是对于小型加工企业，推广智能化生产线或智能化的包装线、装运线等；三是对于劳动强度大、安全风险高、噪声及粉尘污染岗位环境差的岗位，着重推广机器人换人。

"机器换人"的方法有六点：一是抓企业示范。以一个县、市、区为单位，根据自愿，选择不同行业类别的企业进行机器（机器人）换人的示范试点，并力求圆满成功，业绩对比明显。二是召开同行业企业的现场会，推广示范试点企业"机器换人"的经验。对投入产出，以算账对比的方法制作一目了然的图表、照片，用生动真实的数据说话，提供正能量。鼓励同行业企业在"机器换人"方面同台竞技，互学互促。倡导"讲技术进步要讲到产品，讲'机器换人'要讲到企业"。经常组织企业交流，加快推广步伐，巩固提升水平。三是以县、市、区为单位制订年度推进行动计划。分期、分批，扎实推进、务实推进。四是鼓励工业信息工程公司的发展，并充分发挥其在"机器换人"中的作用。五是出台鼓励"机器换人"等技术改造的政策，加强对企业家的物联网、互联网知识培训，营造"机器换人"的氛围与环境。六是以县、市、区为单位公布"机器换人"的进度，推广先进县、市、区的工作经验，驰而不息地抓好"机器换人"的工作。浙江先后多次在海宁、余姚、长兴等地召开全省"机器换人"工作现场会，各市、县（市、区）也坚持召开典型推广现场会，取得了明显的成效。近三年来，浙江每年"机器换人"的技改投入达 5000 亿元以上，占工业投资总额 60％以上，且每年增长 20％以上，为有效抓好工业投资做出了贡献。2013 年使用工业机器人 5000 台以上，占全国的 15％，且在 2014 年继续保持了这一比例，促进了萧山、温岭等机器人产业基地的发展。

（三）制造换法

其主要是以自动化、智能化、物联网制造来替换传统粗放、浪费、污染、不安全的生产制造方法。重点是在制酒、印染、医化、石化、建材、造纸、制革等流程工业领域推广工业物联网的制造方法，推广节能降耗、零排放的绿色安全制造。目前，全省已推广了富阳富生电器和海正制药、临海华海制药、鄞州欧琳厨具、绍兴塔牌制酒、长兴蓄电池生态制造等一批典型。浙江省政府办公厅发了 2014 年第 67 号文件，致力于培育云工业工程与服务公司，并发挥云工业工程与服务公司在推广流程工业企业应用制造物联网工作中的作用。在全省启动了 12 家云工业工程公司和 10 家云工程与云服务产业省级重点企业研究院的培育、建设试点，并根据技术攻关攻"短板"的要求，省级科技资金连续三年给予重大攻关课题专项经费的支持。

（四）商务换型

全力支持企业网络应用推广的商务模式创新，积极培育专业互联网、物联网工程公司，实行企业技改或新建的"交钥匙"工程，减少企业引进"网络制造方式"的难度。推动企业与政府的改革，鼓励各类网络应用服务外包，壮大网络服务的应用市场。鼓励企业重组并购，组建能突破网络使用技术障碍的、便利高效的新型商务模式网络工程公司，加快网络应用推广的企业化、市场化步伐。

（五）管理换脑

其主要是顺应网络新技术的发展，大力发展大数据云计算的互联网与物联网，推动网络应用从数字时代跨入大数据云计算时代，支持云平台企业、云平台经济的发展。在实施互联网与物联网应用的企业与领域，推广云计算，加快"云脑管理"，以"云脑"代替"人脑"。鼓励对产品订购、设计、生产加工、包装、物流配送各环节与全过程，实现在云计算平台之上的大数据精准高效管理与协同管理。重点是加强对"一把手"的培训，制订企业"一把手"亲自领导的推进计划，研订实施方案，把"云脑管理"与企业的组织创新、管理创新、体制创新紧密地结合起来，稳扎稳打，统筹推进。

如果说过去信息技术应用的竞争是"管"与"端"的竞争、网上与网下的竞争，那么现在信息技术应用的制高点就是"云上"与"云下"的竞争。这是因为：第一，只有在"云"上，才能实现大数据的存储与利用。没有云，就没有大数据存储，更没有手段与工具去开发大数据的利用价值。有"云"才能让大数据在"精准管理、协同生产与服务"中精彩纷呈。第二，只有在"云"上，才能实现"跨界融合的业务应用"。依靠分布式云计算的"飞天"软件，阿里云可瞬时调动的服务器计算资源达到 5000 台以上。在阿里云的支持下，2014 年"双十一节"一天交易量达到 1 亿多笔，却能将其中的商务、支付、物流等巨量活动管理得有条不紊，这充分说明了云计算对新型商业链的高效、精准的管理与协同服务的能力。第三，只有在"云"上，"大众创业、万众创新"才有良好的生态。利用"云"，可以对一般软件进行再开发，使软件更能适应个性化的业务；利用"云"，大数据咨询、大数据监测、大数据评价等细分的市场才能被更好地拓展出来。

管理换脑，是抢占互联网与物联网应用战略制高点的关键。必须进行战略布局，务实、有序地推进。在大力宣传阿里云的基础上，浙江的部署归纳起来有三点：一是抓信息化应用的先进企业，带头"建设云"。浙江省政府办公厅出台了支持开发分布式云通用计算软件与企业业务应用系统操作软件的政策，支持对信息化工作重视、相对领先的浙江中控、海康威视、华数传媒、银江科技公司与智慧高速、智慧健康、智慧安居、智慧电网等企业，带头开发使用大数据云存储与云计算的平台。二是重点支持云工程与服务公司开发云，并依托他们"推广云"。经过自愿报名评选，对哲达科技、和利时集团、国自机器人、富生电器、兆丰科技、浙华农业、力太科技等一批信息工程公司，给予建设重点企业研究院等政策支持，订立了开发"云"的创新合同，明确了开发方案与创新举措，鼓励它们迅速演变成专业化的云工程公司，让它们为广大的企业及客户提供云工程的综包服务，做好推广云的工作。三是开展阿里云与新昌县的合作，探索"嫁接云"。从前期工作看，在农村农副产品电子商务上、在与花卉产业全产业链平台企业的合作上、在为新昌城乡智慧旅游平台的开发服务上，可以把阿里云嫁接到新昌需要用云的企业与单位去。四是抓完善推广，宣讲好"示范云"。要对前面"建设云""推广云"等几十家企业抓完善、抓提升，达到应用推广水平的，作为"示范云"的样板，分行业分批次开展观摩、培训与推广工作。

第四节　"有形之手"与"无形之手"要配合

世界新技术、新发明、新兴产业的发展史证明，政府的服务与一国的新技术与新兴产业的发展关系极大。日本政府对信息产业模拟技术的主导与扶持，曾经带来该国 20 世纪 80 年代的荣耀，同时亦导致了后期的相对落后。美国政府主导的信息产业数字化技术路线的选择，进一步巩固了其科技与军事工业强国的地位，至今仍保持着领先的优势。因此，政府对事关全局的新的技术路线的主导作用，市场对市场主体的机制作用，都是相当重要的。在互联网与物联网技术启动广泛应用的今天，我们对政府要不要发挥"更好的作用"，对在哪些阶段、哪些环节要重点发挥"更好的作用"，对以什么方式及形式来发挥"更好的作用"，把握是否正确、到位，必然会决定一个地区、一个城市乃至一个国家的强盛兴衰与先进落后。我们应该审时度势，有信心、有能力交出这份圆满的答卷。

如何正确处理新技术产业发展中的市场与政府关系，仍然是世界多数国家未能解决好的一个难题，其难点就在于要把市场资源配置的决定性作用与政府更好的作用一起发挥好。我们要尽最大努力发挥好这两者的作用，共同推动网络技术新产业的发展。

根据研究，我们以为，宜从以下五个方面来发挥好政府的"更好的作用"。

一、 在网络新技术研发创新、 产业导入期与初创期， 要充分发挥好政府的 "更好的作用"

具体例子是日本政府在 20 世纪支持信息模拟技术的创新与产业的引导发展，美国政府选择网络数字技术的创新，奠定了各自科技与经济强国的地位。现在，美国与日本的做法已为各国所效仿，如德国的工业4.0、中国制造 2025 等。在网络化大发展的今天，世界是平的，政府主持编制的科技与产业协同创新的规划亦已扁平化。同时，网络化带动的"大众创业、万众创新"，使创新创业加快了大众化的进程。面对扁平化、大众化，主持产业与技术创新规划的编制并推动实施，并且在技术创新、新兴产业导入期提供政策、制度、人才等方面的支持，已经成为各级各地政府的重要职责，是政府实施创新驱动发展战略的重要职能，也是今后拉开地区间差距的竞争手段。作为地方政府，要主动发挥本地产业、技术、人才的比较优势，勇于在某些方面、某一领域当好国家代表队，参与国际竞争；作为中央政府，要切实落实国家自主创新示范区、跨境电子商务综合实验区等举措，鼓励地方以体制创新带动技术创新，形成比较优势，当好地方的国家代表队。那种单纯依赖中央政府开展技术创新的国际竞争模式已经过时。

二、 通过自觉利用市场机制， 来发挥好政府的作用

政府要自觉利用价值规律、供求规律与竞争规律，利用市场的需求与技术创新、人才补贴，推动新兴产业的发展。比如浙江工业用的机器人市场，已经连续两年占全国15％以上的份额，这已引起了各地的关注，为引进机器人生产的资本、技术、人才创造了很好的条件。如果政府合理地规划几个中高端错位发展的机器人产业基地，并且通过人才政策、技术创新政策与技术改造的政府补贴，使机器人产业在导入期、初创期的投资风险降到一般产业投资平均风险线附近，使机器人产业市场规模按照价值、供求、竞争规律形成的机制扩张，并在一定时期内走在前列，就可以促进机器人技术、人才、资本的集聚，带动以技术为核心的创新，加快机器人产业的发展。

三、 政府要在深化经济与科技体制改革中， 发挥好制度供给的作用

首先要推进统筹科技、经济与政府管理的体制改革，建立"创新驱动发展"的新体制。要建立技术创新面向产业需求、面向市场需求，科技理论创新面向技术创新的现代体制。要建立杜绝低水平重复研究、大部分政府科研经费用于个人兴趣型研究、脱离国家与人民重大需求的体制。个人偏好的兴趣研究是激发科学发明的一个渠道，应该给予一定的地位，但政府的资助要有限度。中央政府科研经费的20％以上用于尖端研究，社会捐助设立的创新基金亦要重点支持。笔者以为，省级以下的地方政府，应该把10％左右的政府科研经费稳定用于基础研究与知识研究，把80％以上的经费用于支持面向产业与市场需求的技术创新与新兴

产业的创业，并科学精准地支持到企业。要引导科研人员都向研发"两弹一星"的科学家学习，为了国家的使命，甚至可以自觉放弃自己的专业特长，不挑不拣、顽强拼搏，专心攻破难关，为祖国的"经济强、百姓富、环境美、社会文明程度高"而攻关攀登，为经济与社会的转型升级而贡献智慧和力量。

其次要致力于建立公平竞争的高技术产业与服务市场。各种"红顶中介"的存在、形形色色的暗箱操作与寻租，严重影响了高技术服务产业的发展与市场主体的地位公平、竞争公平和机会公平，严重影响了这些产业的创新创业活力。对于这些影响网络技术等高技术服务业发展的体制障碍与利益藩篱，要下决心彻底革除。

最后要致力于创建有利于推动创新创业的知识产权制度。作为与市场经济体制相适应的知识产权制度是个全面的制度体系，涵盖了知识产权的产出、所有、交易、收益分配、合法保护等诸多方面，其最精彩的功能是激励技术创新。要创建适应"以智力力量为主导的分配制度"。在第一次工业革命之前，在市场等各类竞争中，比的是"肌肉的力量"；在第一次工业革命之后，比的是"钢铁的力量"；在第二次工业革命之后，比的是"金钱与资本的力量"，一个最好的实例是股份制，股东按股本比重来投票；在网络化的第三次工业革命之后，比的是"智力的力量"，能实现技术创新、具有创新性的创业的"智力的力量"，成功后应该得到更多的回报与社会激励。因此，要高度重视并发挥好知识产权激励技术创新的作用，深化知识产权收益分配的制度改革，摒弃单凭研发资金投入决定知识产权所有权与分配权归属的制度，建立以科技人员的发明贡献业绩为主的知识产权所有权赋予制度与收益分配占大头的激励制度，真正建立起让一切创造社会财富的技术、人才等要素竞相迸发、充分涌流的体制机制。总之，要为这场网络新技术的科技革命准备好新体制。

四、政府要发挥好培育人才、用好人才、激活人才活力的保障作用

人才培育要全面，要抓好企业家人才、科技创新人才、高水平的政府领导人才等高层次人才队伍的建设，特别是要把人才工作的重点转到加强技术创新团队建设上来。要改变重个体、轻团队的人才工作思维定势，包括从人才团队建设出发去培养、引进领军人才。同时，要抓好高素质的技能型人才队伍的建设；要深化用人制度改革，建立与市场对接的公平公正的体制机制，建立注重业绩的分配制度，完善人才的激励机制；要深化教育改革，完善学习的公共服务体系，提升人的道德文化与科技素质。

一个市、县培育、使用、激活人才等的工作也要精准：（1）要突出重点。如一个地下资源短缺的县，没有必要引进大批地质人才，也没有必要盲目追逐引进了多少个"国家千人计划"人才，而应该以做强产业链、加快网络技术应用推广为重点去引进人才。（2）要以用为本。浙江高速铁路、高速公路发达，同城化交通已基本实现，山区县也具备使用一、二线城市人才的条件。要强化用人方式与体制的创新，以用为要，重视对身体健康的退休专家、工程师、医生、教师等各类有用人才的再开发使用。（3）要长短结合，强化合作，加强人才的梯队建设，保障人才队伍的可持续使用。

五、政府要发挥好在创造创新创业生态环境中的积极作用

要以建立让更多社会财富自愿投入技术创新基金的制度为目标，深

化物权、税收体制改革，包括建立有利于社会财富用于科技创新基金的加计抵扣税制、超额累进个人所得税制、物权与遗产等税收制度体系，建立政府资助人才初始创业的制度，建立支持云平台为创新创业服务的政策，完善支持科技创业孵化器健康发展、高新区等高新技术产业平台发展的政策。

要切实把握发挥政府更好作用的核心要求。其中，发挥政府在新技术与产业发展中的更好的作用，关键是技术路线的选择要正确；发挥政府运用市场机制的作用，关键是市场的细分定位与政策的适用要选准；发挥好政府在制度供给中的作用，关键是要激发新、旧市场主体的创新创业活力与创造公平竞争的市场环境，为新科技革命与产业革命扫清体制障碍；发挥政府在人才保障中的作用，关键是激活人才的正能量；发挥政府在创造环境的作用，关键是提供法治保障与优良服务。要认真体察并把这些关键环节抓实抓好。

第十一章

补上网络化推广的"短板"

REMARKABLE

NETWORKING INNOVATION

网络不是自然而然会"化"的。因此，网络化要通过网络应用的推广工作来实现。俗话说，"诗的创作，功夫在诗外"。这个道理，对于网络化应用推广工作也同样适用。现在，互联网与物联网的应用已经进入跨界融合应用的新阶段，"绿色、智能、超常、融合、服务"孕育了"两化"深度融合、产品换代、机器换人的新趋势。网络化不能只做网络的文章，还要"补上"网络化应用推广的"短板"：要认真抓好创新设计工作，开发足够使用的网络终端产品，用好"机器换人"的突破口，抓好高技术服务业的发展，全面推进科技型创业。

第一节　物联网与互联网应用的创新设计

全国人大常委会原副委员长、中国科学院原院长路甬祥院士，中国工程院原常务副院长潘云鹤院士牵头的"创新设计"咨询报告研究课题组研究认为：（1）农耕时代的工具与用具设计是设计 1.0，如狩猎工具、农业作业工具及筷子与器皿等生活工具。（2）工业化时代的产品设计是设计 2.0、工业设计 1.0，如机器、汽车等。（3）网络知识时代的产品及产品与服务相融合的设计是设计 3.0、工业设计 2.0。其中工业设计 2.0，就是"创新设计"。

只有一流的设计，才会有一流的好产品与一流的好服务，才会有更具前景的新市场，才会有一流的好品牌。

在设计的不同发展阶段，其主要着力点是不同的：在工业设计 1.0 阶段，着力点是支持培育一批"包豪斯"（Bauhaus，是 1919 年 4 月德国魏玛市"公立包豪斯学校"的简称，后改称"设计学院"，其设立标志着现代设计的诞生，对世界现代设计的发展产生了深远的影响）；在工业设计 2.0 阶段，也就是创新设计阶段，着力点是支持培育一批网络工程设计公司与"乔布斯"。

"创新设计"是升级版的工业设计，是适应知识社会、网络化时代的新型设计。创新设计是网络应用的前提。支持创新设计的发展，就是支持智能终端产品的创新；支持网络与业务相融合的商业模式创新，就是支持智能制造装备与网络工程的设计。

物联网与互联网的应用，十分需要创新设计的支持，因其已经进入跨界融合应用的阶段。与过去以通用性应用为主不同，现在是以个性化产品与服务的开发应用、企业个性化的过程在线管理应用、行业个性化业务的云平台运营服务为主。它们要求加强硬件与软件为一体相融合的创新设计、网络与业务跨界相融合的创新设计、作业过程与大数据云平台运营集成的创新设计。缺乏创新设计的支持，物联网与互联网的应用业务及领域的拓展将受到制约。因此，加强创新设计是互联网与物联网应用的必要前提。创新设计可以并且应该为加快物联网与互联网的应用贡献力量。

要调整工业设计的功能，明确创新设计的主要任务。重点是网络互联、智能、绿色、安全、时尚的产品设计，机器与机器人的智能制造小组合的设计，智能化生产线的设计，云管端一体化的物联网工厂的设计，以及"互联网＋"的业务云平台的设计。要把上述这五项创新设计的新业务开发出来，扎扎实实地推进"产品换代、机器（机器人）换人、制造换法、商务模式换型、管理换脑"的工作，全面推动产业升级。

一、 网络互联智能终端产品的创新设计

其为创新设计的重点，具体要明确"一个主攻、四个重点方向"。

（一）一个主攻

主攻网络互联、智能型产品设计，同时带动绿色安全型、组合型、超常型、便携型等产品的设计。

（二）四个重点方向

1. 要适应物联网、互联网广泛应用的要求，抓好传统产品向网络互

联型、智能型、绿色节能型、安全可靠型的产品开发设计。苹果手机的成功就在于把单纯打电话的手机变成了个人的移动智能网络终端，而且可以不断安装 APP 应用以扩展功能。

2. 组合型多功能新产品的开发设计。网络应用要求装备业改变零件多、散件多，组件少、大型模块集成件和高技术含量的关键部件少，始终处于产业链最低端的格局。改变低端制造的格局，创新设计要率先突破。

3. 超常适应型机器人的设计。机器人是下一代装备的发展方向。有的专家预言，新的产业革命就是机器人革命。现在最微小机器人可以进入血管工作，家用清洁机器人可以钻到床底下擦地板，环保机器人可以进污水管网去清扫。我们要像重视移动智能手机那样重视机器人的设计开发。

4. 便携式新产品的设计。在大家越来越关心清新空气、洁净用水、安全食品的时代，对便携式、高精度的大气、水体、食品检测设备的需求将是很大的。

二、 智能制造小组合的设计

面广量大的个体工商户、小微型企业处于生产制造的某一环节，它们需要的只是"一部机器＋一台机器人"或者是"一台电脑＋一部机器＋一台机器人"的智能制造小组合就可以了。因此，加强智能制造小组合的创新设计，重点是让数控机床与机器人自动协同工作。这可以为工业信息工程公司、为从事个体作业的加工户"机器换人""机器人换人"的技术改造提供服务。

三、 智能化 "生产线＋机器人" 的工程设计

中小型工业加工企业，一般使用智能化"生产线＋机器人"。随着个性化制造需求以及堆积法制造技术的发展，智能化生产线装备将会有相当大的市场空间。要区别不同行业，并结合不同企业的个性化管理的制度及文化，为这些中小加工型企业量身定做，开展智能化"生产线＋机器人"的工程设计。

四、 "物联网工程" 的集成设计

根据农业企业耕作方式与工业企业加工制造方式转变的需求，加强对农业企业、工业企业使用物联网的设计。

加强"物联网工程"的集成设计。根据农业企业、工业企业和各类工程运营的需求，把专用电子（软件）产品与服务型装备的设计集成起来，为每个企业提供"一揽子"解决网络化耕作、养殖、加工制造及工程管理等问题的物联网工程的建设服务，实现"交钥匙"的商务模式。如通过创新设计，为千岛湖库区提供日常经营管理，包括汛期精准安全运营的物联网工程建设与物联网运营管理的整套设计方案，包括库区云、库区网络布线、水位水流传感器的布局与远程水闸开关自动操控系统等。

大企业制造方式的变革，为"企业物联网制造工程"的发展创造了机遇，且形成了升级版的企业投资消费市场。在"物联网工程"设计的支持下，农业云工程公司、工业云工程与服务公司等就会有很好的发展前景。

五、对 "互联网＋业务" 云平台的集成设计

2015 年 3 月 5 日，李克强总理在第十二届全国人大三次会议上的政府工作报告中提出要推行"互联网＋"行动计划，在国内外引发了强烈的反响。

"互联网＋"，"＋"的主要是服务业，比如商务、金融、旅游、文化娱乐、新媒体、创业服务、创新服务等。"互联网＋"是推动商业、金融、旅游、家政、社交、文化等服务业转型升级与"大众创业、万众创新"的主引擎，有广阔前景。我们要抓住机遇，细分市场，加快发展。

"互联网＋"业务的服务，主要由主导跨界业务融合的云平台运营商来提供。如阿里巴巴，既是电子商务的平台运营商，又是互联网金融的平台商，这类平台商又可以分成纯互联网平台商与互联网、物联网混合型平台商两种，后一种如青岛的"红领制衣"公司。发展"互联网＋"业务的关键，是主导跨界业务或服务的云平台集成设计。因此，要组建"互联网＋具体业务"的云平台工程设计公司，加快具体业务运营云平台的整体开发设计，以推动"互联网＋"新服务、新业态的开发。要集中业务专家、管理专家、云计算专家、系统设计专家，建设高水平的复合型的专业团队，做好"互联网＋业务平台"的设计工作。

高度重视设计模式创新，推广"数字化设计"与"云平台的协同设计"，切实推动产品设计、工程设计、云商务平台设计的数字化、智能化、协同化。一是要围绕本地物联网与互联网应用的需求，在各工业设计基地组建股份制的"云协同特色设计服务平台"，比如制鞋装备设计及服务云平台，光伏装备设计及服务云平台等；二是利用特色设计的云平台，把结构设计团队、功能设计团队、创意设计团队、软件开发团队、

市场开发团队等资源和力量充分地整合起来，组织到云平台的设计与设计服务体系中来；三是研究制订特色设计云平台开放式体系中各种团队、机构和企业之间开展协同设计的对接方式、运作机制、标准规则及激励机制，达成业务共创、利益共赢的约定；四是加强评价、考核、监管，研究共约规则的执行与实施，保障特色设计云平台及体系的健康、有序、高效运作。

第二节　开发足够用的网络终端新产品、 新装备

加快网络化，就要重视"云、管、端"三者的协同发展，任何一个环节落后，都可能拖住网络化的后腿。尤其是物联网的"器物端"，品种多样、内容丰富，更要重视。

一、 网络的广泛应用需要开发大量与网络匹配使用的各类智能装备终端

物联网与互联网不同，后者的终端主要是移动智能手机，而物联网应用需要的终端则是各种不同的、能满足个性化应用需求的可联网物体、机器及实时检测仪表与机器人。

如果认为只要把业务需要的"云"开发出来，就可以大面积推广网络应用了，那显然是想得太简单了。如果我们不能把物联网广泛应用的各种个性化的"智能器物终端"开发出来，物联网的推广应用就会受阻。不仅如此，物联网应用的广泛性，有可能使所有的老产品都具有被再开

发的可能性；只要把老产品升级为可联网、智能化的新产品，就可以为物联网所用。因此，这也是关系到工业产品升级换代大局的大事。

开发可供物联网匹配使用的传统装备，重点是四个方向：一是传统产品向可联网产品、更节能与更好品质产品的升级换代，包括传统产品向智能化、网络化产品升级换代，组合型功能产品的开发，适应性更强的微型化、超常化、巨型化产品的开发，品牌与时尚产品的开发，便携式产品的开发等；二是"装备＋软件＋在线服务"为一体的系统流程装备的升级换代；三是各类专用集成电子产品的开发；四是服务型的成台、成套制造装备的一体化开发，核心是要开发联网型、智能型、节能型的产品，向产业链中高端、市场前景好的方向发展。

要大力发展"智能装备产业与装备服务业"。开发足够用的智能终端，是从满足网络化应用角度出发的，其实就是要求"大力发展各类智能装备"，以满足网络广泛应用的需要。要补上装备领域的诸多"短板"，并把一般装备提升为"在线智能装备"，把各类智能装备产业搞上去。发展（在线）智能装备产业与装备服务业，这是《中国制造 2025》的内在要求，有利于我们在稳定提升开发消费品市场的同时开发投资品市场，培育新的增长空间。

换个角度表述，贯彻《中国制造 2025》的主要任务是"五个智能"：一是数字化装备的智能设计；二是全面推广智能制造（智能作业、智能监测）方式；三是大力发展各类智能装备产业；四是积极发展装备的在线智能服务业，如无人驾驶汽车售后的"车联网服务业"、电梯售后的"梯联网服务业"、自动导航驾驶的"船联网服务业"、飞机飞行时的"机联网服务业"；五是智能装备云工程产业。

同时，围绕完成"五项智能"任务，还要加强"五项基本基础工作"：一是数字化智能装备的嵌入式基础芯片、软件、计量仪器仪表及通信装置；二是智能装备机械类的基础关键元器件、部件与构件；三是基础关键加工技术与工艺；四是数字化产品与服务的基础质量与标准体系；五是适应网络化的基本人才队伍与技能型的员工队伍。

二、 用好信息化和工业化深度融合等开发方法

信息化和工业化深度融合，既是走新型工业化道路的基本要求，又是开发网络终端产品的有效方法。

由包括 19 名两院院士在内的 100 多名专家共同编著的《中国机械工程技术路线图》，将"绿色、智能、超常、融合、服务"归纳为机械工程技术的五大发展趋势。[1] 这也反映了"两化"深度融合开发新的换代产品的大趋势。

中国科技金融促进会的《科技创新、产业变革与体制改革》一文断言，"在未来五年到十年期间，所有的产业变革主要还是基于信息技术的广泛渗透和交叉应用"。[2]

因此，要用好"两化"深度融合开发网络终端产品的方法。

以"两化"融合的方法抓网络终端产品的开发，就要以互联网、物联网的思维来抓新产品开发：一是把新产品作为云、网、端的"可联网、有智能的"终端产品来开发；二是把"新产品＋在线云服务"作为一个整体来开发。

---

[1] 参见中国机械工程学会编著：《中国机械工程技术路线图》，中国科学技术出版社 2011 年版。

[2] 参见《科技创新、产业变革与体制改革》，中国科技金融促进会简报 2013 年第 5 期。

方法一：叠加新的功能。以一种传统产品为基础，把新技术的功能叠加其上；或把不同功能的产品有机地集成起来，创造出新型的网络终端产品与装备。多功能，可使新产品具有多种用途，既方便了购买者的使用，又能提高购买者的购买兴趣，如从传统手机到智能手机。

方法二：嵌入信息技术。把网络技术、智能技术与传统产品融为一体。其一，专用电子产品与传统产品、装备的组合，如大面积地给传统产品、传统装备装上传感器、芯片、嵌入式软件；其二，网络化的操作系统软件与成套装备的组合，包括自动化生产线与工业机器手等机器人的组合，开发"硬件＋软件"服务型生产装备。

方法三：优化产品的内部结构。一是简易化，即产品的结构与使用方法让使用者感到更加方便、简单；二是微型化，即适应特殊环境的要求，在保障质量与功能的前提下使产品的体积变小、重量变轻，便于移动，如进入人体血管工作的微型机器人；三是轻便化，如慈溪妈咪宝儿童用品有限公司设计的一款婴儿车，可以一键自动收展，便于单个成人带婴儿外出时使用与携带；四是巨型化，如可遥控作业的超高型的工程平台车、桥梁架梁机，等等。

方法四：使用新材料。应用先进结构功能材料、绿色可再生材料、纳米等结构性功能材料、智能型仿生材料等来改进产品结构和功能，开发超常结构、超常功能的网络终端产品，如用纳米材料制造的超微机器人，利用高分子有机敏感材料制成的热敏、光敏、湿敏与生物敏传感器。

方法五：与服务集成为一体。如"装备＋软件＋在线服务"为一体的系统流程装备，基于物联网技术的绿色、环保、安全的"智慧工厂"。后者集工厂整体布局、自动化装备与机器人的选型、控制软件的开发、工业云的建设、工程的安装施工以及相应的运维服务等各环节于一体。

方法六：利用节能环保技术。主要是开发智能型调控用能的网络终端产品。用好各类软件，利用大数据"云脑"管理技术，实现节能减排的在线管理。

方法七：开发补短板的专用电子类产品。围绕破解做强产业链的短板，开发各类专用集成电子产品，重点是开发与智能化、网络化成套装备制造相配套的多功能传感器、软件集成控制器、精密减速器、高端驱动器、精密检测仪器、高端显示器、关键芯片以及各类机器人。

方法八：添加品牌时尚元素。以打造品牌为重点，添加开发与现代时尚、人们喜爱的传统文化要素相结合的新型品牌与时尚产品。

三、注重开发与网络应用相匹配且好用的终端

网络终端的开发同样需要按适用要求来量身定制。尤其是物联网，其广泛应用于农业与工业生产、服务企业的内部、工程管理、城市公共服务与家庭生活，要求各异，内容广泛，更加需要量身定制。

开发管用、好用的不同物联网终端，必然要以满足使用作为出发点与归宿。比如，家庭生活用的各类电器，联在一起就可以组建成一个微型的家用物联网。这样的物联网的基本功能是节能、安全、保障私密与用户权益。

满足各类需求的物联网终端充分开发之日，便是物联网广泛应用普及之时。

第三节　用好 "机器换人" 的突破口

加强网络企业应用的推广工作，要切实抓好"机器换人"这个突破口。

"天下大事必作于细。"抓"机器换人"看起来是件小事，里面却有大文章。"机器换人"，适用面广，普遍适用于农业小农场、小养殖场，服务业小酒店、小饭店，个体工商户，小微企业，规模以上中等企业以及跨国大企业。从"机器换人"抓起，就抓住了"机器＋机器人"普及智能制造的突破口。

一、 要分行业抓 "机器换人" 的示范性试点

用机器或机器人换人，首先要打破神秘感，扫除各种顾虑，最好的办法是实践教育、典型示范。

抓示范试点要重视抓不同行业的典型。比如，做鞋、做服装、做家电、做纺织、做光伏装备，不同行业"机器换人"的内容是不同的，企业家对"机器换人""机器人换人"的理解也是不一样的。

浙江的块状经济是如何发展起来的？就是村里有人起先在某个行业做些简单加工，赚到钱了，亲戚邻居看到了，就买来机器跟着做，这样逐渐形成了一村一品、一乡一品，形成了浙江特有的块状经济现象。现在推进"机器换人"，仍可参照这样的套路做，在同一个行业中培育出几

家示范性的企业，让同行的企业跟着学、照着做。

二、 学会用算账对比的推广方法

抓典型是解决"点"的问题，还要解决"面"的问题。如何从点推到面？基本的经验是：一要看，二要算。看，就是要组织同行企业学艺，现场参观；算，就是算投入产出的账，算绩效产出的账，用绩效数据与事实说话。看到别人"机器换人"很合算，大家才会在自己的企业跟着做。

打破"机器换人"的思想障碍，还要对症下药，算好细账与实际账。有个调研报告说，有56％的企业认为"机器换人"成本太高，不愿"机器换人"。笔者对此打个问号。经深入调研，产生这个问题有以下几个方面的原因：

1. 企业明明只需要简单功能的机器人，却用了复杂功能的机器人，多花了钱。比如冲压件加工，机器人只需要配合冲压机床简单地把冲压材料与冲压件递进取出的机器手就行了。这样的一个机器人只要花5万元左右就可以了，但是企业却买了一个几十万元、上百万元的多功能机器人。这就像给一个只会打电话的农村老太太配了个智能手机，许多功能都浪费了。其实，现在工业需要换的机器人大多是简单功能的机器人。

2. 盲目攀比求洋，看不起国产装备。在很多情况下，国产装备已经够用了，但非要买发达国家的设备，结果成本成倍上升了。

3. 走了弯路、花了冤枉钱，请了外行的人来开发施工。

4. 应用软件开发的成本过高。简单的自动化软件就可解决问题，却开发了一个复杂的应用软件。

5. 企业希望政府多给补贴。有的企业对政府要求"机器换人"有抵触情绪，既然政府动员"机器换人"，那就趁机向政府多要点补贴。所以，有些意见建议不在其本身，而是隐藏在其"身后"，我们不能不"去伪存真"。这是一种情况。当然，另一方面确实有成本高的情况。企业物联网制造模式的"机器换人"成本会高些。但是，它是一次性成本高些，相对于运行十年的周期来讲，它的成本还是低的。

因此，这些问题不搞懂，不能"对症下药"，就抓不好"机器换人"。

三、 发挥好工业信息工程公司的作用

发挥工业信息工程公司在"机器换人"中的作用，这是最聪明的做法。这类公司有懂得机械与电子一体化的人才，可以把工业设计，装备与机器人的选购、安装、调试，以及软件的开发、售后运维服务等"机器换人"的活全包了，为企业用户做"交钥匙"的工程。我们要结合块状经济转型升级，大力发展专业的云工业信息工程公司。

以温岭为例，制鞋是温岭的一大产业，有6000多家制鞋企业。如果有几家制鞋云工业信息工程公司，6000多家制鞋企业的"机器换人"就可以换得又快又好。这样，还可成功培育出制鞋信息工程新产业。

再比如，绍兴的塔牌酒业成功研发了制酒物联网，工人从450人下降到50人，这50人现在就负责巡视生产情况。如果塔牌酒业办个制酒工业信息工程公司，就可以为全省乃至全国的制酒企业提供"机器与机器人换人"的服务，甚至可以开发出一个新的大产业来。同理，我们还可以兴办一批农业信息工程公司、学校信息工程公司，它们的发展前景都会很好。

机器人产业的发展，取决于各行业信息工程公司的发展。信息工程

公司能扩大机器人的销量,让机器人公司做大,让"机器人换人"普及覆盖到所有的中小企业与个体工商户。机器人制造公司宜添办信息工程公司,一手抓机器人生产,一手抓机器人市场开发。

如何培育各行业的信息工程公司?可以引导以下企业转型重组发展:(1)让从事机械与电子一体化的工业设计公司转型或牵头组建;(2)让自动化软件开发的企业转型或牵头组建;(3)支持动员信息工程专业的师生来创办;(4)让成套工业装备公司转型或牵头创办;(5)让已经实现机联网的工厂另外单独组建。总之,要加强对各行各业的信息工程公司的扶持,把信息工程产业发展起来。

第四节 抓好高技术服务业与 "互联网+" 服务业

高技术服务是制约网络应用的瓶颈。抓好高技术服务业,至关重要。需要指出的是,我们需要的不是一般的生产性服务业,而是高技术服务业,包括"互联网+"服务业。

一、专用的集成电路设计业

2011 年,我国芯片进口额为 1550 亿美元,超过石油进口额。2013 年,我国芯片进口额为 2315 亿美元。两年增加 765 亿美元,其市场需求巨大,增势看好。

二、 机械与电子一体化的升级版的工业设计业

在舟山，我们部署建设了四家船舶设计重点企业设计院，使浙江省船舶设计水平快速提升，达到国内一流水平。欣海船舶设计研究院研发设计了国内最大的5200DWT冷藏运输船，正和船舶研究院完成了具有自主知识产权的67000DWT大灵便型散货船设计。

三、 专用软件的开发与服务业

要支持发展各类应用软件的开发企业，提供软件服务的科技型企业，集成各类软件、使软件更好用的企业。浙江中控集团开发的流程工业自动化控制系统软件，为工业升级做出了巨大贡献。

四、 检测服务业

互联网与物联网的应用，需要更先进的在线实时检测手段、产品与服务。要使检测机构同时具备中国检测、欧盟检测、美国检测等资质，为产品提供三种功能的检测服务：

1. 市场准入的把关功能。

2. 对不合格产品的"诊病查因"功能，即不但要判定产品是不合格的，还要像医生那样找出产品不合格的"病因"。

3. 对不合格产品"开方医治"功能，即针对产品不合格的原因提供解决办法，提供精确解决问题的服务，使产品从不合格迅速成为合格的。

有了这样的检测服务业，企业的新产品开发就可以少走弯路，降低成本，在新市场开发中捷足先登。

五、 在线云服务产业

其包括在线的大数据咨询服务、大数据定位服务、大数据调查服务、大数据评价服务、在线的软件交易服务等。云工程公司是在线云服务公司发展的前提，云服务又是在线服务的最佳的商务模式。因此，要支持其发展。

六、 为技术成果交易提供中介服务的中介服务业

技术市场是科技成果实现转化的主渠道，技术中介服务是促成科技成果成功交易与转化的生力军。依靠发达的技术中介服务业，才能办好网上技术成果交易市场，才能使其成为集聚各类技术成果最多、技术成交额最大、技术中介服务品质最优、中小企业购买适用技术最方便的在线交易市场。要推广浙江海宁、磐安等地网上技术市场企业化运作的经验，深化技术中介服务机构的体制创新，着力培育技术交易中介服务产业。

七、 为科技人员创业提供全程服务的服务业

这里包括创办公司的咨询服务、投资基金服务、风险投资服务、企业上市服务、申报政策税务服务等。要完善科技人员创业全过程的服务体系，提供初创期的辅导与资助、创新基金申报的精准服务；提供小创期的风险投资服务、信贷担保服务、产品与市场开发等高水平的服务；提供成长期的扩大风险投资与创业投资的有效服务；提供上市辅导期的到位服务。

第五节　推动科技型创业

一、　重视科技型创业在推广网络应用中的积极作用

科技型创业加快了网络信息技术应用的开发。中关村的年轻人只要一台电脑，边喝咖啡边玩电脑，就有可能创办出一家公司来。共青团中央、中国移动通信集团推出的"移动应用商场"，APP 数量前两年只有几千个，2013 年已达到十几万个，内容从网络游戏、手机媒体到生活服务。现在，还出现了众创、创客、微创新等创业模式。大学毕业生王盛林创办了北京创客空间，里面活跃着 800 余人，经常对来自他们周边或基于自身的需求进行筛选、创意开发、设计和制作，尝试创造能够进入生产线的产品。基于阿里云打造的云栖小镇，通过建立各类大数据的云存储服务的市场平台、云通用计算的交易平台和各类软件交易与服务的市场平台，致力于打造世界创业天堂，帮助年轻人在云上创业。安存科技、中软国际等一批企业，都在阿里云平台上开辟了自己的业务与服务。

科技型小微企业是"机器换人"等现代制造方式的推动者。前不久，笔者在新昌县调研，看到皮尔轴承将整个生产过程全部改造成自动化，把原来大量的劳动力换成了机器与机器人，实现了整个生产、检测环节的智能化，劳动生产率得到大幅提升。这是由杭州市滨江区的一家科技型小微企业——力太科技公司做的。力太科技通过对传统企业进行"机

器人换人"的改造，自身也得到了快速发展，2014 年经营收入为 1.5 亿元；2015 年的订单已达 6 亿元，是 70 多家制造企业"机器人换人"的订单。

科技型小微企业是做强产业链的"补短板者"。在浙江全省错位布局的高新区创建、工业强县（市、区）试点、产业技术创新综合试点、"机器换人"和工业设计特色基地建设等过程中，科技型小微企业集中在软件产业、专用电子产业、工业设计产业、高技术服务业以及"技术＋业务＋内容"的网络服务业，为主攻"短板"、做强产业链发挥了积极作用。2014 年第三届中国创新创业大赛中，浙江在电子信息、互联网与移动互联网等六大领域获得了 11 个全国奖项，其中一等奖 3 项〔启明（医疗器械）、每日互动（手机推送）、维灵科技（可穿戴产品）〕，二等奖 3 项，三等奖 5 项，占全国奖牌数的 30.6％，奖牌数与奖牌含金量均居全国第一。

二、 积极支持科技型创业

要建立并定期发布科技型创业指导目录制度。"男怕入错行"，成功创业的基础是要选对创业投资的项目。各级科技部门和高新区管委会要制订指导目录，通过精准的创业服务，帮助提高创业成功率。要为精准创业当好参谋，当前的重点包括：

1. 重点培育大数据、云计算、互联网、物联网等网络信息技术企业。发展大数据、云计算产业，要与业务内容相融合为一体，实现云、管、端一体化发展，抢占制高点。浙江省 2014 年率先启动了云工程与云服务产业培育工作，已经形成了一批云服务外包企业和工业信息工程公司，如哲达科技、和利时、国自机器人等。要培育一批安全可靠、服务高效、技术一流、品牌可信的可提供专项业务服务的云工程公司，扶持能够提供"一揽子"问题解决方案的云工程与服务公司。

2. 持续培育支撑引领传统产业升级的高端芯片、微型服务器、多功能传感器、新型控制器、高端显示器、专用业务软件等专用电子企业。开发新产品、新装备的重要途径之一，就是在传统产品上装上芯片、软件与传感器。但是，我们最大的差距就在于专用电子芯片及软件方面。这类产品市场容量很大。

3. 着力培育新材料、生物医药、新能源、节能环保、健康等高端装备企业。比如健康产业，这是防未病、治已病的产业。健康产业要发展起来，就要向 4 个"T"的方向去集成：IT（Information Technology），即信息技术；EMT（Equipment Manufacturing Technology），即装备制造技术；BT（Biological Technology），即生物技术；MT（Medical Technology），即医疗技术。4 个"T"加起来才是健康产业发展的主阵地。其中任何两个"T"的集成，都可以办成一家科技型的小企业，抢占中国健康产业的中高端市场。

4. 加快培育工业设计、技术中介、检验检测、创业服务、知识产权、数字内容等高技术服务业。提升第一、第二、第三产业，最短缺的是高技术服务。比如制药产业的检测服务业，一种新药开发出来了，有没有毒、安全性评估如何，都必须经过检测。通过企业化的检测服务机构检测，告诉医生和患者这种新药里的含毒量，具体含毒指标是由配方中的哪种成分带来的，减少这种成分或替换原料就可以合格了。这种既检查又诊断还开方的检测服务业发展了，就可以有效缩短新药研发的周期。发展网络服务业也很有前景。比如智慧旅游的互联网大平台，可以为人们出行提供购票、订餐、订房等在线服务。

三、 把支持商业模式创新作为关键环节来抓

科技型企业成功创业的一大瓶颈，是开发出新技术产品与新技术服务以后，接不到订单。问题往往出在两个方面：一是企业的商业模式创新不足，客户对新产品、新服务无法接受；二是客户缺乏对新产品、新服务的体验，许多招标又以成功试用过作为准入条件。因此，要着力突破这一瓶颈。

首先，政府要帮助企业争取新技术产品与新技术服务的市场准入机会。在新技术产品与新技术服务的导入期，企业要创新商业模式找市场，市长要帮助企业找市场。对公共服务有需求、第一个投入市场开发的新技术产品与新技术服务，在有把握取得成功的前提下，政府可以给予第一个订单，开展示范性工程的试点。如对南车集团开发的超级电容无轨电动公交汽车，宁波市鄞州区提供了一条超级电容的储能式快充无轨电车公交运营线，进行示范性工程的试点。成功了，就可以推广，造福社会与百姓。再如在智慧安防方面，杭州市滨江区可以进行警务物联网的试点，发展警务云服务平台、350兆警务专网及数字化的警务专用手机。

其次，企业要重视商业（务）模式创新，做好第（每）一个订单。科技人员创办的企业，缺乏市场经验，大多不注意商业模式创新，因而难以打开市场。要把商业（务）模式创新作为决定成功创业与否的"惊险一跃"来认真对待。要十分珍惜每一个机会，力求成功。对于政府帮助提供的难得的第一个订单，务必做成市场开发的示范性工程。要按照"经济合理、安全可靠、体制先进、成效明显"的原则去做好第一个订单。经济合理，就是要精打细算，性价比要高，让第二个、第三个客户觉得划算而动心；安全可靠，就是要让客户感到新产品、新服务是可以

信赖、安全可靠的;体制先进,就是企业的管理体制是先进的,是能长期保持住服务品质与效率的;成效明显,就是所涉及的服务对象对新产品与新服务的评价或口碑都是叫好的。

四、 重视高新区的创业基地与特色创业小镇的建设

高新区与省级工业设计基地、特色创业小镇,是培育科技型小微企业的主阵地;产业、创业与城镇化互促发展,是加快互联网、物联网应用发展的必然选择。要围绕错位布局、做强产业链的主攻方向,培育科技型小微企业。如光伏装备高新区的创业基地,就要大力发展能补强光伏装备产业链短板的电子、软件、芯片、光伏智能产品与光伏工程工业设计等科技型小微企业;船舶装备高新区的创业基地,就要大力发展能补强船舶装备产业链短板的电子、软件、芯片、船舶工业设计等科技型小微企业。各高新区创业基地、工业设计基地、创业特色小镇都要提供全程精准服务。一是强化孵化服务。要设立不少于500万元的创业种子资金,并逐年增加,无偿资助符合条件的科技人员与高学历的年轻人创办的科技型企业。同时,还可以给予房租减免等优惠政策。二是完善创业辅导服务。引进、兴办科技型创业服务公司,为初创企业提供各类创业咨询、指导服务。三是加强创投有效服务。集聚各类风投与创投公司,为创业企业扩充创业资本提供服务。四是加强快速成型新产品开发等的检测服务。集聚企业化运作的检验检测机构,为创业企业开发新技术产品提供检测服务。五是加强商业模式创新的培训服务、上市辅导服务。

要积极探索在云平台上提供良好的创业生态服务。各高新区可以与阿里云合作,建立区企战略合作机制,引进阿里云创业平台,积极完善创业云生态体系,为科技型创业打造更优越的环境。

五、 切实抓好激发创业活力的体制改革

体制改革是"大众创业、万众创新"的动力、活力之源。李克强总理在 2015 年年初召开的国家科学技术奖励大会上指出，如果说万众创新的潮流推动中国这艘大船行稳致远，那么改革就是推动创新的重要动力。要通过全面深化改革，破除一切束缚创新的桎梏，让一切想创新、能创新的人有机会、有舞台，让各类主体的创造潜能充分激发、释放出来，形成"大众创业、万众创新"的生动局面。要加快技术成果产权制度、收益分配制度等体制改革，让科研人员通过创新与创业的合法途径得到更多股权、期权，分得更多的"红利"；用更多的技术成果产权去联合创办更多的科技型企业。既要用事业与荣誉去鼓励科技人员创新，更要用更好的体制去激励科技人员创新创业。要更加严格有效地保护知识产权，用法治来保障创新者创业者的合法权益。要破除技术壁垒和行政垄断的藩篱，营造公平竞争的技术市场与保护创业的法治环境。要改革检验检测、能效评价、环保评价及安全生产评价体制，变主管部门办为切断"政与评的机构关系"办，变事业办为企业办，"改出"一批知识型、技术服务型的高技术服务企业；要继续改革政府机关采购制度，通过技术服务的公开采购，"买出"一批科技型企业；要深化政府审批制度与知识产权管理制度的改革，实行"非禁即入"的准入政策，放活市场准入，"放出"一批科技型企业；要支持在阿里创业云平台为科技人员开展孵化创业，"育出"一批科技型企业；要全面深化技术成果商品化、配置市场化的改革，让技术成果成为创业的股本，激活技术成果，"新办"一批让"知识"成为"产权"的科技型企业。

《网络化的大变革》，是为纪念自己在政府的工作经历而写的一本书。我觉得这样的纪念方式，亦挺有趣味与意义的。

中国社会主义的改革开放是从 1978 年开始的，而恰恰这一年我大学毕业参加工作。应该说，我是幸运的。自从 1985 年走上县级领导工作岗位之后，我近六分之五的时间是在政府及政府部门工作；2011 年 1 月至 2015 年 1 月在浙江省副省长岗位上，又具体协助省长分管工业、信息化、科技、安全生产等工作，让我有幸较多地与互联网、物联网的技术、产业及应用工作打交道，从而积累了知识，丰富了自己的体验。

2015 年 1 月 19 日，根据中央有关规定，经个人申请、组织批准，浙江省人大常委会通过决定，同意我辞去浙江省副省长职务。这意味着我这辈子在政府工作的结束。2015 年 1 月 21 日，浙江省第十二届人民代表大会第三次会议选举我为十二届浙江省人大常委会副主任。这意味着新的一段政治生涯的开始。到浙江省人大工作后，根据同志们的建议，我一边努力适应新环境，做好组织分配的工作，一边收集整理过去的PPT讲稿，开始了本书的写作准备。

写书的经历是艰辛、痛苦的，又是快乐的。2015年春节过后，即2015年的2月至3月上旬写出了这本书的初稿；4月进行了一次大改；其间听了各方面的意见，6月又做了第二次大改，中间的小修改已难以计数了。半年多来，出差途中、晨起睡前、周末假日，几近用尽！

感谢孟刚、孙谦、詹佳祥、温熙华、章威等同志几年来一直给予的帮助，包括在这本《网络化的大变革》写作过程中给予的帮助；感谢阿里巴巴集团CTO王坚博士的帮助；阿里巴巴集团副总裁涂子沛先生、浙江大学软件学院常务副院长杨小虎先生、中国科学院宁波材料技术与工程研究所所长崔平女士、中国科学院宁波材料技术与工程研究所所属先进制造所副所长张文武先生不辞辛苦，通读书稿，提出了宝贵的修改意见；涂子沛、杨小虎先生与崔平女士还为本书写了"推荐语"！我要感谢我的秘书孙涛及黄武为本书书稿的多次修改与整理工作提供的帮助，感谢浙江人民出版社王利波副总编辑和张炳剑、陈庆初两位责任编辑为本书的出版所花的心血！

中科院副院长阴和俊先生是位青年才俊。他担任中科院副院长多年，本身是电磁场与微波技术专家，又分管电子信息等研究工作多年。我们曾有幸在一个培训班一起学习过，我也曾荣幸听过他的讲座，因此相互认识并结下了情谊。他的博学、热情、正直与友善令我难忘。他在百忙中为本书作序，令我感动，专此致谢！

我想特别感谢的是国家工业与信息化部原副部长杨学山先生。杨先生曾任国务院信息化工作办公室副主任。2008年，根据《国务院关于机构设置的通知》（国发〔2008〕11号），国务院信息化工作办公室的职责划给新成立的国家工业和信息化部，他随即转任国家工信部副部长，在我国信息化、工业化与信息化战线上参与领导工作 20 多年，学识渊博、经验丰富、为人谦和、作风务实。在我任浙江省副省长期间，他给了浙江与我本人很多具体、宝贵的帮助。这本书出版前，他看了书稿后马上为之写序，给我鼓励与鞭策，令人十分感动，谨此专门表示衷心的感谢与敬意！

　　人生苦短，事业永恒；篇幅有限，知识无涯。不揣浅陋写了此书，目的是聊尽绵薄之力，并不指望有多大的贡献。存在不足与错误肯定难免，敬祈批评指正。

毛光烈

2015 年 7 月 19 日定稿于新昌